国外优秀图书译著

精馏过程理论

DISTILLATION

[德] 阿尔方斯·福格波尔 著
(Alfons Vogelpohl)
齐鸣斋 译

化学工业出版社
·北京·

Distillation by Alfons Vogelpohl
ISBN 978-3-11-029284-8

北京市版权局著作权合同登记号：01-2021-1685

图书在版编目（CIP）数据

精馏过程理论/(德) 阿尔方斯·福格波尔（Alfons Vogelpohl）著；齐鸣斋译．—北京：化学工业出版社，2021.6（2023.1 重印）
（国外优秀图书译著）
书名原文：Distillation
ISBN 978-7-122-38727-1

Ⅰ.①精…　Ⅱ.①阿…②齐…　Ⅲ.①精馏-化工过程　Ⅳ.①TQ028.3

中国版本图书馆 CIP 数据核字（2021）第 046571 号

责任编辑：徐雅妮　　　　文字编辑：葛文文　陈小滔
责任校对：王鹏飞　　　　装帧设计：史利平

出版发行：化学工业出版社（北京市东城区青年湖南街 13 号　邮政编码 100011）
印　　装：北京科印技术咨询服务有限公司数码印刷分部
710mm×1000mm　1/16　印张 6¼　字数 109 千字　　2023 年 1 月北京第 1 版第 2 次印刷

购书咨询：010-64518888　　　　售后服务：010-64518899
网　　址：http://www.cip.com.cn
凡购买本书，如有缺损质量问题，本社销售中心负责调换。

定　　价：69.00 元　

译者前言

精馏是应用相当广泛的过程工程技术，化学工业、制药工业、食品工业、生物化工、新材料工业、环境工程等各行各业都需要精馏过程。随着科学技术和过程工业的发展，精馏技术已有了很大的提高。自进入21世纪以来，国内高等院校正不断地进行着课程体系、教学内容等方面的改革。跟踪学科发展、引进国外优秀教材已成为教学内容改革和课程建设工作的重要内容之一。为了促进国内相关专业教学内容的改革，化学工业出版社引进了这本Vogelpohl教授的经典之作，本人有幸为这本教材的翻译推广尽自己的微薄之力。

本书作者从有关精馏基本方程出发，全面综合地叙述了精馏过程理论，并涵盖了各种精馏模式。首先描述了精馏的各种模式，并将连续接触式的传质概念与级式接触的理论级概念通过数学描述联系起来，进行统一的研究。其次，将简单蒸馏的残留曲线与连续精馏的精馏线联系起来。通过对二元和多元理想混合物精馏的详细讨论，建立起精馏过程基本方程。并将结果推广至实际混合物的精馏，包括具有恒沸物的混合物精馏。书中提出的坐标变换方法、精馏线场、分离线和分离面、可行产品区域等概念及其分析，对于深入研究精馏过程很有帮助，也与国内同类教材有明显差异，部分内容在国内同类教材中尚不曾见。书中采用了大量图片和实例，可视化地表达了变量关系。

本书既有一定的广度，重要之处又很有深度，不失为一本优秀的教材或参考书，适用于化工类及相关专业本科生或研究生学习，也可供化工及其他过程工业的科技人员参考，有助于读者更好地理解多组分精馏的复杂关系。

本书由齐鸣斋翻译。由于译者水平有限，译文若有不确切之处，恳请同行不吝指正。

齐鸣斋

2021年1月于华东理工大学

前 言

精馏是将液体或气体混合物分离成馏分或组分的最重要的工艺过程，如从原油中获取石油组分，或将空气分离成氧气和氮气。尽管自 19 世纪末以来已发表了大量关于精馏的文章，但令人惊奇的是，尚未见全面的、综合的关于精馏过程理论的论著出版。

本书基于 40 多年的传质过程教学经验，旨在填补这一空白。本书从 1935 年 Hausen 发表的三元精馏基本方程出发，并充分利用该方程的显著特性去涵盖所有精馏模式。

本书前 3 章描述了精馏模式，并导出了主导精馏过程的基本方程。第 4 章是本书的中心章节，详细讨论了二元到多元理想混合物的精馏。第 5 章证明了第 4 章基于理想混合物的结果也定性地适用于含共沸物的实际混合物。

本书特别对与精馏过程物理现象有关的理论系数和参数给予了解释，并给出许多图和例子用于说明与剖析。

本书旨在作为本科毕业班或研究生高级精馏课程的教科书，也可帮助工程师更好地理解多元精馏的复杂关系。

我把这本书献给我的博士生导师 H. Hausen 教授，他教会了我学术研究的基本知识，以及 E. U. Schlünder 教授，他引领我从工业界回归大学。没有他们，这本书将永远不会被写出来。

非常感谢 De Gruyter 出版社的 Karin Sora 女士、Julia Lauterbach 女士和 Hannes Kaden 先生为本书出版提供的大力支持。

Alfons Vogelpohl
于克劳斯塔尔-采勒费尔德(德国)
2015 年 1 月

目 录

绪论

在古代，蒸馏作为一种艺术发展起来，并在整个中世纪被使用，例如生产香水（如玫瑰油）或草药药物[1]。在19世纪，它发展成为一种工业操作，以满足对较高纯度原料和产品不断增长的需求。这需要更好地了解蒸馏过程，从而获得更高效的设备和新应用，例如将空气分离成氧气和氮气，从石油中生产各种产品、生产聚合物所需的高纯度中间体或当时还未知的化合物[2]。

对蒸馏过程的科学认识始于1893年，Hausbrand[3]和Sorel[4]提出了“理论级概念”，即使在今天它仍被广泛应用于精馏塔的设计和对精馏过程的解释。1922年，Lewis引入了“传质概念”[5]，该概念使化学工程原理首次系统地应用于精馏装置的设计和操作，重点是二元混合物的分离。

虽然“理论级概念”和“传质概念”可用于多组分精馏塔的设计，但随着组分数的增加，数值计算的指数增长限制了这两个概念实际用于三组分混合物的分离。开发的解析解仅适用于理想物系，如Rayleigh方程[6]用于简单蒸馏，Fenske方程[7,8]用于全回流的理论级数计算，Underwood方程[9,10]给出了最小回流比和任何组分数下可行的产物，Hausen[11,12]处理了三元混合物计算问题，阐述了精馏中分离线的作用。作者将Fenske、Underwood和Hausen的研究结果扩展为理想混合物精馏的改进理论[13,14]，该理论也可用于任何复杂、近乎实际混合物的精馏[15,16]。

本书介绍的精馏理论基于“传质概念”，因为这是涵盖所有精馏模式的基本概念，它允许以最简单的方式可视化精馏的物理背景，以便理解理想混合物和实际混合物精馏之间的相互关系。

书中许多图表和例题用于说明不同的精馏模式，揭示它们的相互关系。

尽管现在有效的数值计算方法可用于计算复杂的实际多组分混合物的精馏，但本书中描述的理论提供了对多组分精馏复杂性的全面理解，因此不仅对教师讲精馏方面的课有用，对面临多组分精馏问题的从业化学工程师也是有用的。

所有解决特定精馏问题所需的方程都在本书的相关章节中给出，附录中还推导了更复杂的方程式。此外，所有基本设计元素都在MATLAB程序中实现，并以数字或图形的形式显示结果。

1 蒸馏的原理和模式

蒸馏原理基于各种液体混合物的热力学性质，沸腾混合物产生的蒸气富含液体中较低沸点的组分，从而将液体混合物分离成组分不同于初始混合物的馏分，甚至单组分。实施蒸馏的最基本装置是通过简单蒸馏进行的间歇蒸馏或批处理蒸馏，以及连续闪蒸。

1.1 简单蒸馏

图 1.1 显示了简单蒸馏的装置。它由一个加热的蒸馏釜、一个用于液化蒸馏釜所产蒸气的冷凝器、一个用于收集馏出物的接收罐组成。如果对蒸馏釜进行连续加热，则蒸馏釜中的部分液体将汽化。假设液体混合物各组分具有不同的蒸气压，离开蒸馏釜的蒸气将富含具有较高蒸气压的组分，使接收罐中的馏出物不同于蒸馏釜中的液体混合物。通过蒸发蒸馏釜中的部分液体，蒸馏釜中的初始混合物被分成两部分，即蒸馏釜中的残余物和接收罐中的馏出物。然而，该方法的分离作用较小，除非液体的组成与由液体所产蒸气的组成差别很大。

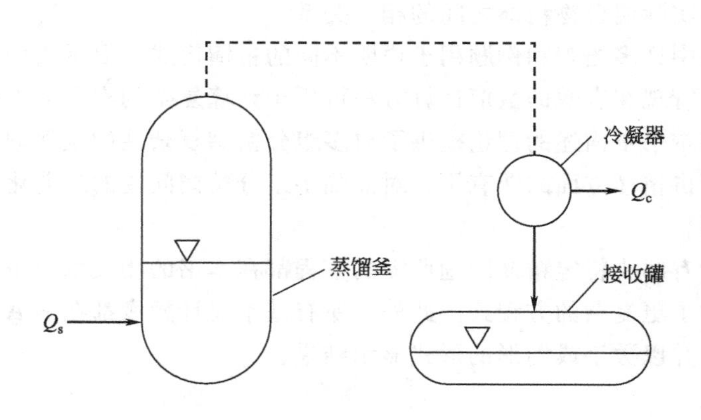

图 1.1　简单蒸馏

1.2 闪蒸

在如图 1.2 所示的闪蒸中，待分离的混合物（进料）被连续加到闪蒸罐中，并加入热量（Q_s），混合物被分成两部分：馏出物和底部产物。两部分的量取决于加入的热量，与简单蒸馏类似，分离作用由进料的热力学性质决定。同样，除非组分的蒸气压差别很大，否则分离作用较小。

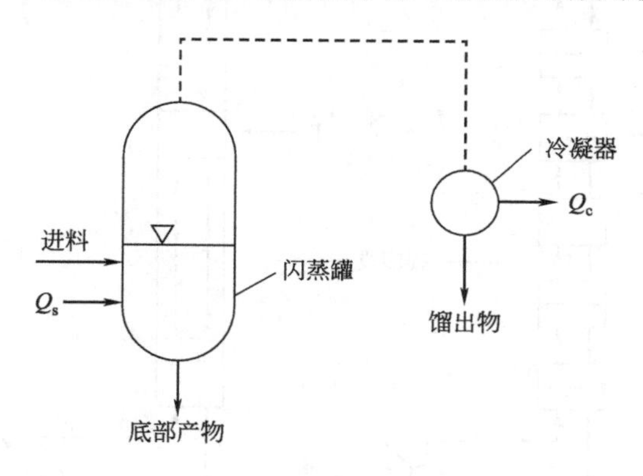

图 1.2 闪蒸

1.3 多级蒸馏

在简单蒸馏以及闪蒸中，不可能获得某一组分的纯物质，因为初始混合物被分成两部分，虽含所有组分，但组成不同于初始混合物。只有将一组简单蒸馏或闪蒸通过串联形式连接，组成如图 1.3 所示的精馏或多级分离过程，才有可能将混合物分离成比初始混合物组分更少的馏分，甚至几乎纯的物质。因大多数工业蒸馏采用连续操作方式，所以不再进一步讨论间歇蒸馏。

在生产过程中，精馏以串联塔的形式设计，选择最优的位置进料，在进料位置上方的精馏段内和下方的提馏段内液体和蒸气逆流流动。在塔的顶部，馏出物既可作为蒸气（图 1.3 中未示出）也可作为蒸气凝液的一部分被取出，其余的凝液返回塔顶用作塔内下降的液体流。从塔底排出的液体一部分作为底部产物，其余部分汽化并返回塔中，用作必要的上升蒸气流。塔内件由水平塔盘构成，其近似于串联连接的闪蒸罐，如图 1.3 中左侧所示的塔，或者塔段中被填料所填充，比如拉西环，如图 1.3 右侧所示的塔[17]。塔内件用于增加液体在塔中的停留时间，以及在液体流和气体流之间提供大的相界面面积，以强化塔内两相之间的质量传递。

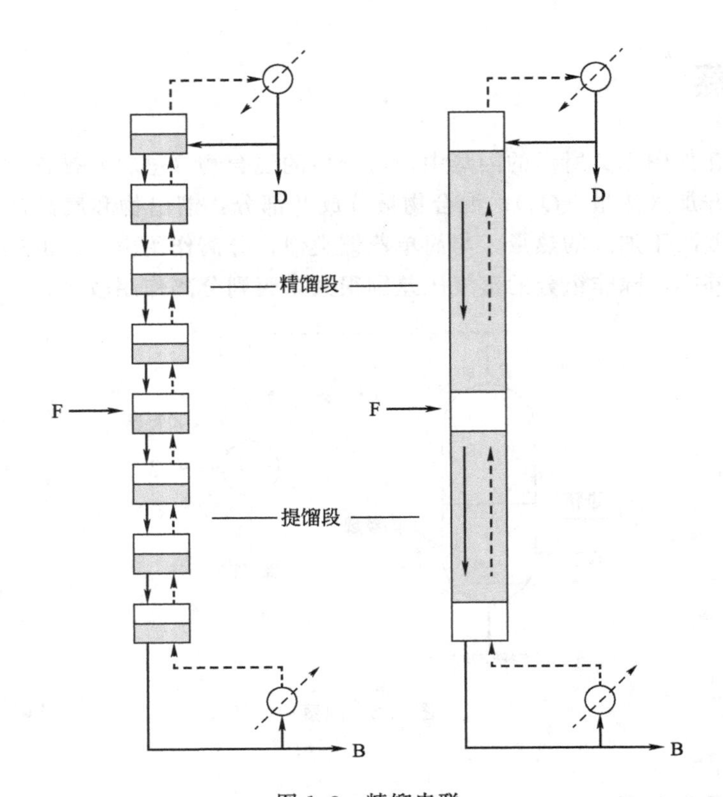

图 1.3 精馏串联

（── 液体流，--- 气体流，F 进料，D 馏出物，B 底部产物）

由于从沸腾液体中升起的蒸气总是富含液体的较低沸点组分，塔中向上流动蒸气中较低沸点组分的含量从塔底到塔顶增加。因此，从进料位置开始，进料位置以上塔段中的气体组成将富含较低沸点组分，而进料位置以下塔段中向下流动的液体将被除去较低沸点组分。因此，进料位置以上塔段称为精馏段，进料位置以下塔段是提馏段。

由于这种分离作用，馏出物和塔底产物的组成不同于进料组成。通过足够长的塔段，可以获得几乎纯的组分，即将进料分成两部分，每部分都不含另一部分的组分。举个例子，一股含 A、B、C 三种组分的进料和一个具有足够长精馏段和提馏段的塔，可以生产馏分 A/BC、A/ABC，AB/BC、AB/ABC、ABC/C、ABC/BC、ABC/ABC 和 AB/C，而分离出 AC/B 是不可能的。因此，将 n 种组分的混合物分离成几乎纯的单一组分至少需要 $(n-1)$ 个塔。可能的分离方案数随组分数呈指数增长，在考虑最小投资和操作费用等约束条件的情况下，最优序列的确定可能成为一个相当艰巨的优化问题[18]。

2 假设和减少问题

（1）理想混合物被定义为具有恒定相对挥发度的物系。

（2）精馏塔内精馏段和提馏段中液体和蒸气的流率看作是恒定的。

（3）液体和蒸气的焓被认为是恒定的。该假设不影响精馏过程的主要特性。混合物各纯组分汽化热的强烈差异对流率的影响可用热量分数而不是摩尔分数来计算[19,36]。

（4）除简单蒸馏外，仅讨论液相和气相逆流下的连续、稳态精馏模式。

（5）任何连续精馏装置原则上都由带液体和蒸气逆流的传质塔段构成，这些液体和蒸气由进料补充或分离至产品段，如图 2.1 所示。因此，将在传质段精馏基础上建立精馏基本方程，随后应用于二元混合物和多元混合物以及塔内的精馏计算。

（6）除可逆精馏外，所有精馏塔均在绝热条件下运行。

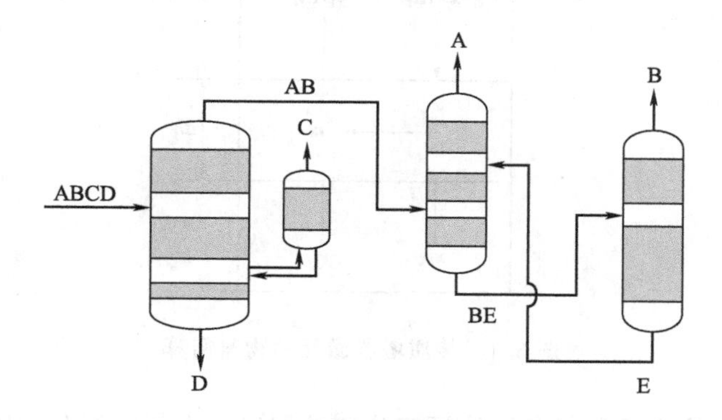

图 2.1 精馏装置

（填充区域为传质塔段，空白区域为进料段或产品段，ABCD 进料组分，E 夹带剂）

3 精馏基本方程

在不考虑混合物具有特定组分数的情况下，建立精馏基本方程式。

3.1 物料衡算

传质塔段微元的物料衡算如图 3.1 所示。

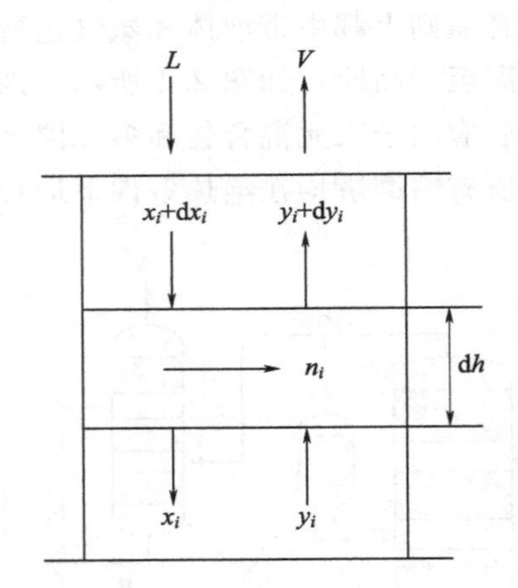

图 3.1　传质塔段微元的物料衡算

根据第 2 章蒸气和液体恒定流率的假定，由气相组分的物料衡算可得

$$V\mathrm{d}y_i = n_i\mathrm{d}A = n_i a A_S \mathrm{d}h \tag{3-1}$$

对于微元段

$$V\mathrm{d}y_i = L\mathrm{d}x_i$$

积分得

$$y_i = a_i + (L/V)x_i = a_i + Rx_i \tag{3-2}$$

式中，a_i是常数；R 是流率比 L/V。

因式(3-2) 将塔中同一截面上蒸气流中组分的摩尔分数与液体流中同一组分的摩尔分数相关联，被称为操作线。

3.2 气液相平衡

3.2.1 理想混合物

理想混合物的气相服从道尔顿分压定律

$$p_i = y_i^* p \tag{3-3}$$

结合拉乌尔定律

$$p_i = x_i p_i^0 \tag{3-4}$$

得到

$$y_i^* p = x_i p_i^0 \tag{3-5}$$

考虑到总压为各组分分压之和

$$p = \sum x_j p_j^0 \tag{3-6}$$

从而

$$y_i^* = \frac{x_i p_i^0}{\sum x_j p_j^0} \tag{3-7}$$

在式(3-7) 中将组分 i 的饱和蒸气压 p_i^0 除以基准组分的蒸气压 p_r^0 得到结果

$$y_i^* = \frac{\alpha_{ir} x_i}{E} \tag{3-8}$$

其中

$$\alpha_{ir} = \frac{p_i^0}{p_r^0} \tag{3-9}$$

是相对挥发度。若将它与摩尔分数相乘并加和得到摩尔平均相对挥发度

$$E = \sum \alpha_{jr} x_j \tag{3-10}$$

基准组分的蒸气压 p_r^0 可任意选择。为清楚起见，将最高沸点组分的蒸气压作为基准组分的蒸气压，按蒸气压降低的顺序排列组分，使最低沸点组分的 α 值最高、最高沸点组分的 α 值为 1。

3.2.2 实际混合物

将气相视为理想气体，并通过校正函数，即活度系数 γ_i，扩展拉乌尔定律 [式(3-4)]，可以高度近似地描述实际混合物的气液相平衡。

$$p_i = \gamma_i x_i p_i^0 \tag{3-11}$$

得

$$\alpha_{ir} = \frac{\gamma_i p_i^0}{\gamma_r p_r^0} \tag{3-9a}$$

许多校正函数是可用的，这里 Wilson 方程的形式

$$\ln\gamma_i = -\ln\left(\sum_j x_j \Delta_{ij}\right) + 1 - \sum_l \frac{x_l \Delta_{li}}{\sum_j x_j \Delta_{lj}} \tag{3-12}$$

是常用的，其中系数 Δ_{ij}、Δ_{li}、Δ_{lj} 被看作是常数，取自文献 [20]。

3.3 传质相关式

对从理想气体到另一相的传质最全面的描述是 Maxwell-Stefan 方程[21]

$$\nabla y_i = y_i \sum_j \frac{N_j}{\rho_G D_{ij}} - N_i \sum_j \frac{y_j}{\rho_G D_{ij}} \tag{3-13}$$

如果二元扩散系数 D_{ij} 相等，并且总通量

$$N = \sum_j N_j \tag{3-14}$$

为零，对于大多数蒸馏混合物来说，该假设是近似有效的，Maxwell-Stefan 方程简化为 Fick 方程

$$n_i = \rho_G D_{ij} \nabla y_i \tag{3-15}$$

该方程可根据 Whitman[22] 提出的膜理论进行求解，从而得出传质方程

$$n_i = k_V (y_i^* - y_i) \tag{3-16}$$

该式严格地说是传质系数 k_V 的定义式，但已证明可足够准确地解决大多数工业传质问题。

通过用各液体变量代替蒸气变量，式(3-16) 对于理想溶液的传质也是有效的，即液体的传质方程式为

$$n_i = k_L (x_i - x_i^*) \tag{3-17}$$

式中，x_i、y_i 和 x_i^*、y_i^* 分别是液相、气相在主体和气液界面处的摩尔分数，如图 3.2 所示。

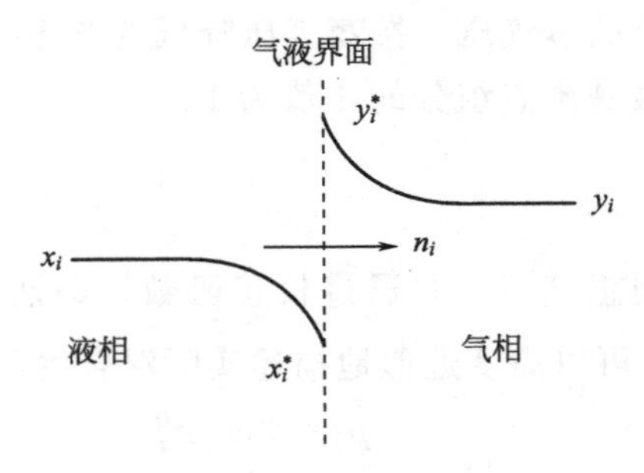

图 3.2 传质中两相的浓度分布

式(3-17) 除以式(3-16)，得到传质系数比

$$k=\frac{k_L}{k_V}=\frac{y_i^*-y_i}{x_i-x_i^*} \tag{3-18}$$

对于给定的传质系数比，气液界面处的气相摩尔分数为

$$y_i^*=y_i+k(x_i-x_i^*) \tag{3-19}$$

它是气液主体摩尔分数的函数，根据假设，气液界面处的摩尔分数 x_i^*、y_i^* 处于相平衡状态。

3.4 填料传质塔段的精馏

结合物料衡算式(3-1) 和传质相关式(3-16) 或式(3-17) 分别可得

$$n_i aA_S\mathrm{d}h=V\mathrm{d}y_i=k_V(y_i^*-y_i)aA_S\mathrm{d}h \tag{3-20}$$

和

$$n_i aA_S\mathrm{d}h=L\mathrm{d}x_i=k_L(x_i-x_i^*)aA_S\mathrm{d}h \tag{3-21}$$

3.4.1 全回流下的精馏（L/V=1）

如果液体和蒸气的流率相等（全回流），那么 $y_i=x_i$，式(3-20) 和式(3-21)可整理得

$$\frac{\mathrm{d}x_i}{y_i^*-x_i}=\frac{k_V aA_S}{V}\mathrm{d}h=\frac{\mathrm{d}h}{(HTU)_V}=\mathrm{d}(NTU)_V \tag{3-22}$$

和

$$\frac{\mathrm{d}x_i}{x_i-x_i^*}=\frac{k_L aA_S}{L}\mathrm{d}h=\frac{\mathrm{d}h}{(HTU)_L}=\mathrm{d}(NTU)_L \tag{3-23}$$

式中，NTU 为传递单元数；HTU 为传递单元高度[23]。

3.4.2 传质系数比的影响

3.4.2.1 传质阻力仅在气相（$k=\infty$）

整理式(3-22) 得到

$$\frac{\mathrm{d}x_i/x_i}{\mathrm{d}(NTU)_V}+1=\frac{\mathrm{dln}x_i+\mathrm{d}(NTU)_V}{\mathrm{d}(NTU)_V}=\frac{y_i^*}{x_i} \tag{3-22a}$$

对于组分 k

$$\frac{\mathrm{d}x_k/x_k}{\mathrm{d}(NTU)_V}+1=\frac{\mathrm{dln}x_k+\mathrm{d}(NTU)_V}{\mathrm{d}(NTU)_V}=\frac{y_k^*}{x_k} \tag{3-22b}$$

两式相除可得

$$\frac{\mathrm{dln}x_i+\mathrm{d}(NTU)_V}{\mathrm{dln}x_k+\mathrm{d}(NTU)_V}=\frac{y_i^* x_k}{x_i y_k^*}=\alpha_{ik} \tag{3-24}$$

积分得到

$$(NTU)_V=-\ln\frac{x_i}{x_{i0}}+\frac{1}{1-\alpha_{ki}}\left(\ln\frac{x_i}{x_{i0}}-\ln\frac{x_k}{x_{k0}}\right)=\frac{H_V}{(HTU)_V}=H_V^* \tag{3-25}$$

3.4.2.2 传质阻力仅在液相（$k=0$）

如果传质阻力仅在液相中，则界面处液相的摩尔分数 x_i^* 与气相主体的摩尔分数 y_i 相平衡，由于假设气相和液相的流率相等，$y_i=x_i$。关系式是相平衡曲线方程对 $y=x$ 对角线的镜像对称曲线，即式(3-8) 中的相对挥发度须用倒数代替

$$\frac{1}{\alpha_{ik}}=\alpha_{ki} \tag{3-26}$$

得到文献［24］中的结果

$$x_i^*=\frac{x_i/\alpha_{ik}}{\sum(x_j/\alpha_{jk})}=\frac{\alpha_{ki}x_i}{\sum(\alpha_{kj}x_j)} \tag{3-27}$$

通过这个等式将 x_i^* 代入式(3-23) 并积分得到

$$(NTU)_L=-\ln\left(\frac{x_i}{x_{i0}}\right)+\frac{1}{1-\alpha_{ik}}\left(\ln\frac{x_i}{x_{i0}}-\ln\frac{x_k}{x_{k0}}\right)=\frac{H_L}{(HTU)_L}=H_L^* \tag{3-28}$$

应当指出，式(3-25) 和式(3-28) 适用于两组分混合物的任何组合。

3.5 理论级传质段的精馏

如图 1.3 中左边的塔所示，由闪蒸罐串联组成的、称为具有理论级的精馏塔，其中理论级被定义为离开的气液两相流率处于热力学平衡[3,4]的黑箱，如图 3.3 所示。该定义的优点在于，浓度分布可以仅基于物料衡算和相平衡关系来计算。

全回流 $L/V=1$ 下的“理论级概念”是微分方程式(3-22) 的前向差分解

$$\left.\frac{\mathrm{d}x}{\mathrm{d}(NTU)_{TS}}\right|_n=\frac{x_{n+1}-x_n}{\Delta(NTU)_{TS}}=y_n-y_{n-1} \tag{3-22c}$$

设定

$$\Delta(NTU)_{TS}=1\text{ 个理论级}$$

由图 3.3 中的物料衡算可得

$$y_n-y_{n-1}=x_{n+1}-x_n$$

这与式(3-18) 是等价的，它表明在全回流时液相和气相中的传质阻力比等于1，如图 3.4 所示。

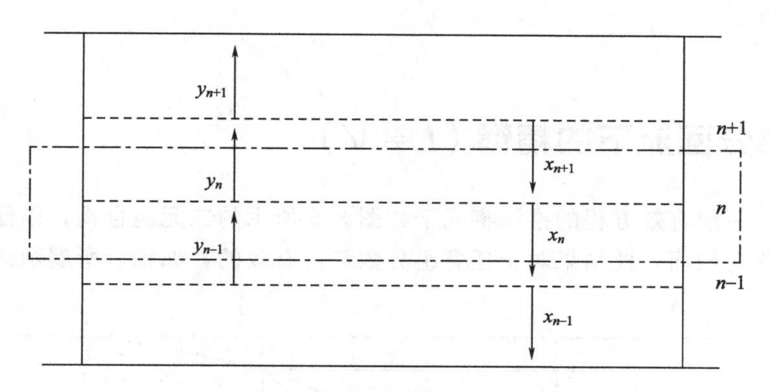

图 3.3 理论级概念

(----- 理论级，-·-·- 物料衡算)

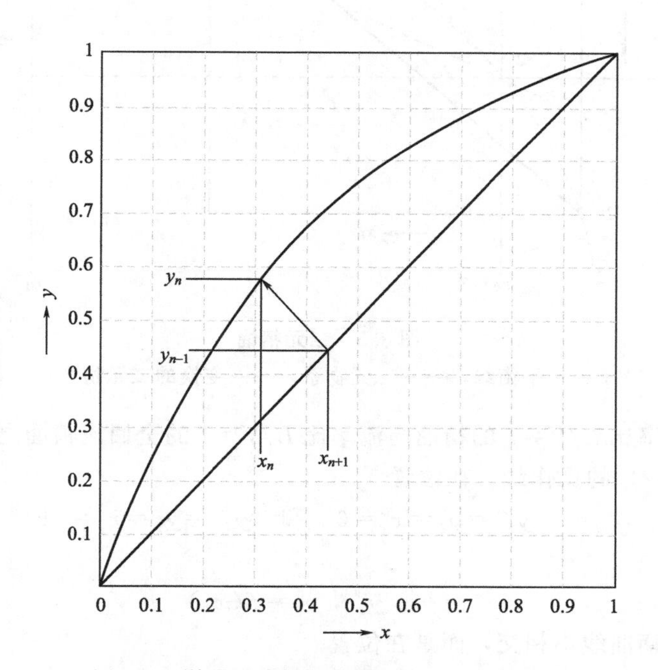

图 3.4 说明理论级概念的 McCabe-Thiele 图

对于全回流情况和恒定的相对挥发度，Fenske[7] 和 Underwood[8] 导出了解析解

$$NTS=\frac{\ln\left(\frac{x_i}{x_{0,i}}\times\frac{x_{0,k}}{x_k}\right)}{\ln\alpha_{ik}}=\frac{\ln\left(\frac{x_i}{x_k}\right)-c_{ik}}{\ln\alpha_{ik}} \tag{3-29}$$

式中，NTS 是实现分离任务所需的理论级数。

如后文述及的三元混合物，式(3-29）适用于两相中传质阻力相等的情况。

3.6 部分回流下的精馏（$L \neq V$）

一般有效方程的推演将基于如图 3.5 所示的二元混合物，以便更好地可视化。然而，此结果对于任意组分数都是有效的，如稍后所展示的。

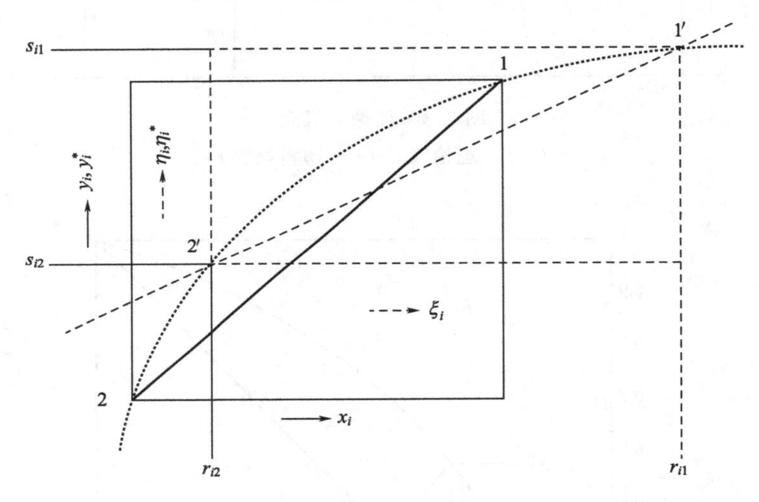

图 3.5　二元精馏

（········ 平衡线，—— 二元物系，---- 变换的二元物系）

流率比 $L/V \neq 1$ 的精馏与流率比 $L/V=1$ 的全回流精馏之间的主要差异是式(3-2）的操作线。在位置

$$y_i^* = y_i = x_i = 0 \quad 和 \quad y_i^* = y_i = x_i = 1 \tag{3-30}$$

坐标为

$$y_i^*, y_i = f(x_i) \tag{3-31}$$

与相平衡曲线不相交，而是在位置

$$y_i^* = y_i = a_i + Rx_i \tag{3-32}$$

即由操作线与相平衡曲线的交点限定的精馏端点被移位，甚至可位于物理上可行区域 $0 \leqslant x$，$y \leqslant 1$ 之外。

为了获得在 $R=L/V \neq 1$ 下与 $R=L/V=1$ 下相同条件的新坐标系，引入了式(3-33)[12]

$$\eta_i^*, \eta_i = f(\xi_i) \tag{3-33}$$

它满足条件

$$\eta_i^* = \eta_i = \xi_i = 0 \text{ 和 } \eta_i^* = \eta_i = \xi_i = 1 \tag{3-34}$$

在相平衡曲线和物料衡算线的交点

$$\eta_i = \xi_i \tag{3-35}$$

且式(3-33) 适用于所有 ξ_i 值。

这是通过 y_i^*, y_i, x_i 和 η_i^*, η_i, ξ_i 之间的线性变换实现的。为此，平衡线与物料衡算线交点处的摩尔分数（见图 3.5 中的点 1′和点 2′）被定义为变量 r_{in}（替代 x_i 坐标）、变量 s_{in}（替代 y_i^*, y_i 坐标），其中下标 i 代表组分 i，下标 n 表示不同交点。

从物理的角度看，交点 $y_i^* = y_i$ 表示在无限高塔段中可获得的极限浓度，并称为节点。

应当指出，节点被相平衡方程和物料衡算方程唯一定义，并不依赖于所使用的传质模型。

如果用和组分序列相同的方式表示节点，即图 3.5 中的右节点为 $n=1$，左节点为 $n=2$，则有

$$\xi_i = \frac{x_i - r_{i2}}{r_{i1} - r_{i2}} \tag{3-36}$$

和

$$\eta_i = \frac{y_i - s_{i2}}{s_{i1} - s_{i2}} \tag{3-37}$$

或者对于 n 个组分的物系用矩阵表示

$$|\boldsymbol{x}| = |\boldsymbol{r}| \cdot |\boldsymbol{\xi}| \tag{3-38}$$

和

$$|\boldsymbol{y}| = |\boldsymbol{s}| \cdot |\boldsymbol{\eta}| \tag{3-39}$$

其中，$|\boldsymbol{r}|$和$|\boldsymbol{s}|$分别是具有元素 r_{in} 和 s_{in} 的方形变换矩阵。

式(3-32) 中 y_i^* 用式(3-8) 代入，x_i 用 r_{in} 代替，由此得到矩阵元素 r_{in}

$$r_{in} = \frac{a_i E_n}{\alpha_i - RE_n} \tag{3-40}$$

通过物料衡算方程得到矩阵元素 s_{in}

$$s_{in} = a_i + R r_{in} \tag{3-41}$$

因

$$\sum \alpha_i r_{in} = E_n \tag{3-42}$$

对于任何节点 n，它都遵循

$$\sum \frac{a_i E_n}{\alpha_i - RE_n} = 1 \tag{3-43}$$

根据参考文献［25］，式(3-43) 被称为对应微分方程的特征方程或本征函

数，n 个组分物系的式(3-43) 的 n 个根是特征根或特征值 E_n，η_i、ξ_i 是新坐标系的特征坐标。

η_i^*，η_i，ξ_i 系的特征值 E_n 对应于 y_i^*，y_i，x_i 系的 α_i 值（见附录 1），即

$$\eta_i^* = \frac{E_i \xi_i}{E} \tag{3-44}$$

其中

$$E = \sum_i E_i \xi_i \tag{3-45}$$

因此，经过代换（见附录 1）

$$E_i \longrightarrow \alpha_i \tag{3-46}$$

$$\eta_i^* \longrightarrow y_i^* \tag{3-47}$$

$$\eta_i \longrightarrow y_i \tag{3-48}$$

$$\xi_i \longrightarrow x_i \tag{3-49}$$

第 3 章中上述的所有方程式也适用于液体和气体在任何流率下的精馏过程。通过式(3-36) 至式(3-39) 的反函数可获得 η_i，ξ_i 空间中的数值。

3.7 简单蒸馏

根据图 1.1 的简单蒸馏过程，蒸馏釜中液体成分的理论解析解由 Ostwald[26] 和 Rayleigh[6] 基于恒定蒸气流率下的非稳态微分物料衡算式给出

$$\mathrm{d}(x_i L_\mathrm{S}) = L_\mathrm{S}\mathrm{d}x_i + x_i \mathrm{d}L_\mathrm{S} = -y_i^* V\mathrm{d}t \tag{3-50}$$

$$\mathrm{d}L_\mathrm{S} = -V\mathrm{d}t \tag{3-51}$$

或

$$\frac{\mathrm{d}L_\mathrm{S}}{L_\mathrm{S}} = \mathrm{dln}L_\mathrm{S} = \frac{\mathrm{d}x_i}{y_i^* - x_i} \tag{3-52}$$

由于式(3-22) 与式(3-52) 的结构类似，由式(3-25) 可得

$$\frac{L_\mathrm{S}}{L_{\mathrm{S},0}} = \frac{x_{i0}}{x_i}\left(\frac{x_i x_{k0}}{x_{i0} x_k}\right)^{\frac{\alpha_{ik}}{\alpha_{ik}-1}} \tag{3-53}$$

简单蒸馏时蒸馏釜中液体的浓度曲线，称为残留曲线，它与传质阻力完全在气体侧的传质塔段中液相和气相流率相等时的液体浓度曲线相同，差别是此处用 L/L_0 代替 $(NTU)_\mathrm{V}$。

如果采用连续降膜精馏，式(3-53) 也适用，将 L 作为液体的流量，其他假设类似于简单蒸馏中的假设。这些蒸馏模式的不同之处在于参照系，即简单蒸馏在拉格朗日参照系中定义，而降膜精馏在欧拉参照系中定义[27]。

尽管许多论文中使用残留曲线来描述连续精馏中的浓度曲线，但是这里

将连续精馏中的浓度曲线称为精馏线，以避免任何不必要的混淆。

3.8 可逆精馏

在可逆精馏中，传质段任何位置的气相浓度与该位置的液相浓度处于相平衡，即塔的操作线与气液平衡曲线一致[28]。

可逆精馏的浓度曲线由物料衡算（图 3.6）可得

$$V=D+L \tag{3-54}$$

$$Vy_i^*=Dx_{i,0}+Lx_i^* \tag{3-55}$$

联立相平衡式(3-8)，消去 D 并整理后得到

$$\alpha_i=E\left[(1-R)\left(\frac{x_{i,0}}{x_i}-1\right)+1\right] \tag{3-56}$$

对于二元物系，式(3-56) 仅表明塔中任何位置的气相摩尔分数与该位置的液相摩尔分数是相平衡的，这遵循可逆精馏的定义。

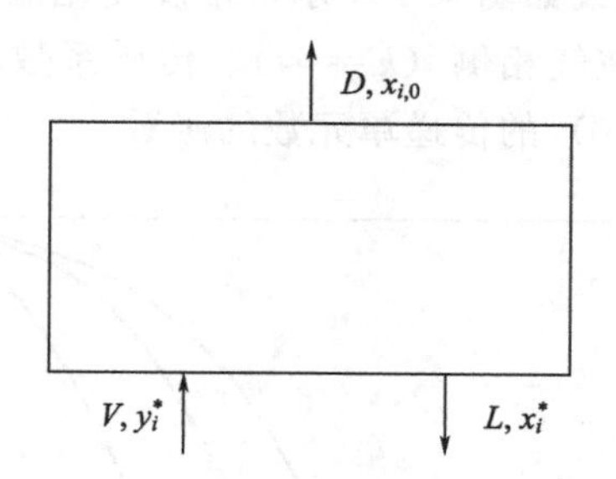

图 3.6 可逆精馏的物料衡算

可逆精馏用可行的最小能耗进行所需的分离，因此可作为比较不同精馏模式的基准。此外，如后面将讨论的，它在多组分混合物精馏中以最小能耗获得的优化分离序列是有用的。

4 理想混合物的精馏

4.1 二元混合物

4.1.1 全回流下的精馏

4.1.1.1 带填料的传质塔段

应用的相关方程是式(3-25) 和式(3-28)，其中下标 $i=1$，$k=2$ 和 $x_k=1-x_i$。浓度分布曲线如图 4.1 所示，浓度变化范围为 $0.01<x_i<0.99$，分别为传质阻力完全在气相侧（$k=\infty$）、传质系数均等（$k=1$）和传质阻力完全在液相侧（$k=0$）的传递单元数的函数。

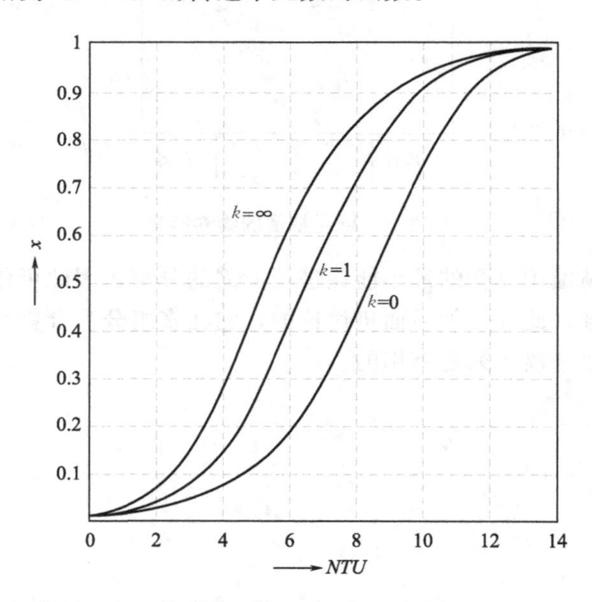

图 4.1 二元物系浓度对传递单元数 NTU 的分布曲线（全回流，$\alpha=[2,1]$）

值得注意的是，传质阻力完全在气相侧（$k=\infty$）的曲线和传质阻力完全在液相侧（$k=0$）的曲线在精馏塔的顶部区域和底部区域分别显示出一个传递单元内较强的浓度变化。

4.1.1.2 具有理论级的传质塔段

应用的相关方程是式(3-29)，其中下标 $i=1$，$k=2$ 和 $x_2=1-x_1$。浓度分布曲线如图 4.2 所示，浓度变化范围为 $0.001<x_i<0.999$，作为理论级数的函数。

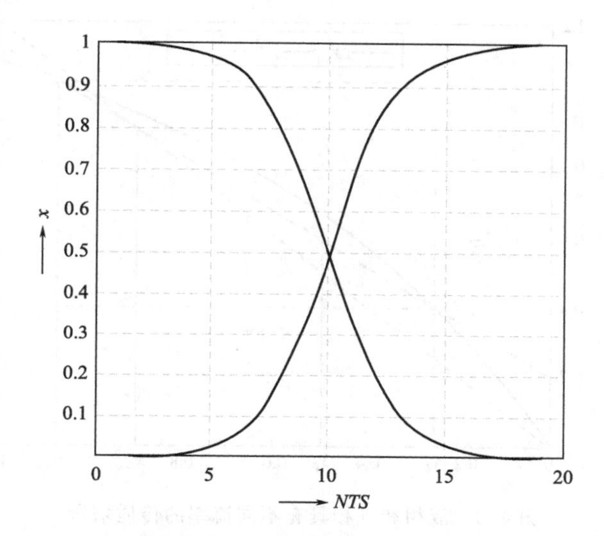

图 4.2 二元物系浓度对理论级数（NTS）的分布曲线

填料传质塔段中的浓度分布取决于液相和气相中的传质阻力，相比之下，具有理论级的传质塔段中的浓度分布相对于塔的高度是对称的。这是因为理论级的概念意味着液相和气相中的传质阻力是相等的[14,29]。

4.1.2 部分回流下的精馏

一般情况下 $R=L/V\neq1$，所遵循的基本过程将以精馏塔的精馏段为例进行说明。计算基于（见 3.6 节）：

$$\alpha_1=2,\ \alpha_2=1,\ x_{1,\mathrm{F}}=0.5,\ x_{1,\mathrm{D}}=0.9,\ R=0.78,\ a_1=0.2$$

结果如图 4.3 所示。

式(3-43) 的特征值为 $E_1=2.070$，$E_2=1.240$，且操作线与相平衡线交点 x_1 的坐标由式(3-40) 可得

$$r_{12}=0.240,\quad r_{11}=1.074$$

为了计算无量纲 H^* 值或理论板数，将摩尔分数从 $x_{1,\mathrm{F}}=0.5$ 变化到 $x_{1,\mathrm{D}}=0.9$ 时，这些边界摩尔分数转变为 ξ 坐标值，由式(3-36) 可得

$$\xi_{10}=0.312,\quad \xi_{20}=0.688\quad 和\quad \xi_1=0.791,\quad \xi_2=0.209$$

且将式(3-26)、式(3-28) 和式(3-29) 中的 x_i, x_j 和 α_i, α_j 分别用 ξ_i, ξ_j 和 E_i, E_j 替换，得到

$$H_V^* = 4.35,\ H_L^* = 4.08,\ NTS = 4.14$$

应该注意的是，气相摩尔分数的变换不是必需的，因为在计算无量纲高度或理论级数时不需要这些变换。提馏段的变换过程与上述精馏段的相同，将在后面叙述。

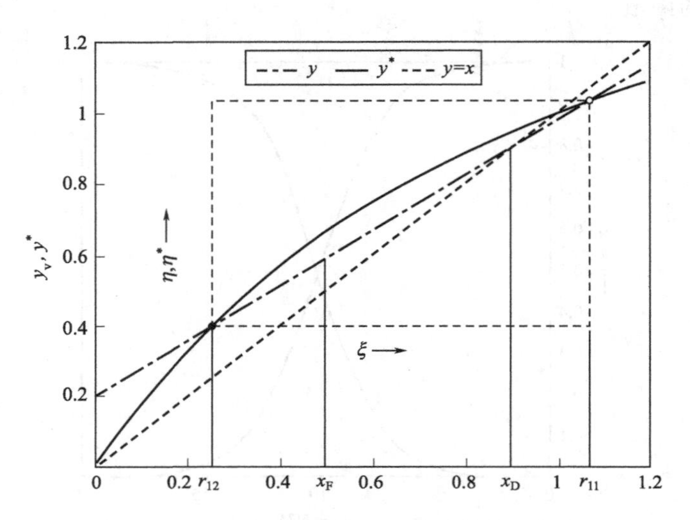

图 4.3　液相和气相具有不同流率的传质塔段

（—— 相平衡曲线，---- 对角线，-·- 操作线，斜率 $R<1$）

4.1.3　有精馏段和提馏段的精馏塔

基本的精馏塔由两个传质段组成，精馏段和提馏段由进料口将其分开，顶部有分凝器或全凝器，塔底有部分再沸器或全再沸器。为简单起见，在下文中假设塔配有全凝器和全再沸器，这样一个塔有（$c+6$）个自由度[17]。例如，这些自由度可用于下列规定

进料完全确定	$c+2$
塔的操作压力	1
馏出物中一个组分的摩尔分数	1
底部产物中一个组分的摩尔分数	1
进料位置	1

基于这些规定，就可以计算传质段所需的高度或理论级数。

重要的是，注意上面列出的任何自由度都可用另一个独立变量代替，例如，底部产品中一个组分的摩尔分数可用馏出物的流率代替。

4.1.3.1　McCabe-Thiele 图

如图 4.4 所示的 McCabe-Thiele 图[30]是考虑到塔中恒定流率比的二元精馏问题图解。最小流率比通常由前述的操作线与 q 线的交点给出，除非相

平衡曲线具有拐点。在相平衡曲线有拐点的情况下，极限流率比由操作线给出，该操作线是相平衡曲线的切线。

对于规定进料和产物组成的精馏塔，在任意给定的流率比下，塔的理论级数可在 McCabe-Thiele 图中通过逐级图解获得。从给定的底部产物组成 x_B处绘垂直线，该线与相平衡线相交，根据理论级的定义，得到离开最下面一个理论级的气相组成 y^*。接着，经过 y^* 的水平线与操作线 $y=f(x)$ 相交，并得到离开上一块理论板的液相组成，依次又得到从上一块理论板上升的相平衡气相组成（见图 4.4)。这个过程将反复持续到水平线与 q 线相交，表明已经进入该塔的精馏段，该过程须在精馏段操作线与相平衡曲线之间反复，直到超过指定的馏出物组成。

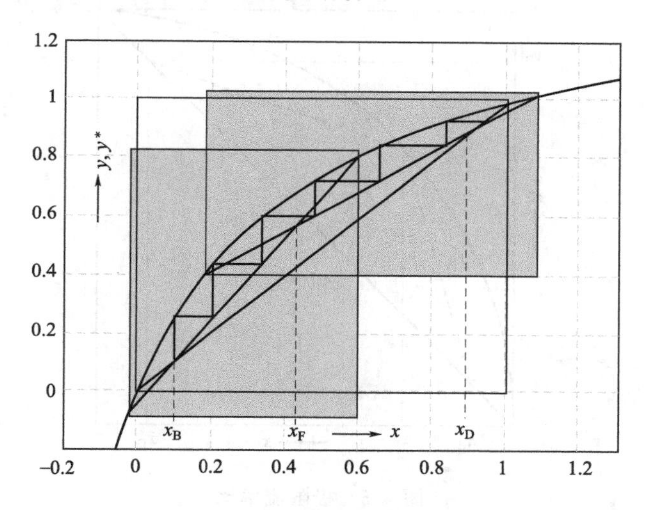

图 4.4 McCabe-Thiele 图
（左侧阴影矩形是提馏段的精馏区域，
右侧阴影矩形是精馏段的精馏区域）

对于指定进料和产物组成的填料塔，通过式(3-22) 或式(3-23) 和操作线方程式(3-2) 以及取自 McCabe-Thiele 图的传质推动力，可计算任意流率比 $R_{\min}<R\leqslant 1$ 下所需的传质单元数。塔的高度由 NTU 与 HTU 的乘积得出。

全回流 ($R=S=1$) 时获得最小理论级数或传质单元数，而在精馏段为最小流率比和相应提馏段为最大流率比时，理论级数或传质单元数变为无穷大。最优流率比通过经济优化确定。

理论级数或传质单元数可通过 3.6 节中讨论的坐标变换来计算，将精馏段和提馏段的流率比由原先的 1 改为实际值，如图 4.4 中的矩形所示。矩形由两塔段的操作线与相平衡曲线的交点所确定，两个区域相应的相对挥发度由这些交点的 E 值确定，即分别为 $E_R=\alpha_R=[3.16, 1.36]$ 和 $E_S=\alpha_S=$

[2.20,0.96]。然后，两个塔段的理论级数或传质单元数由式(3-29) 和式(3-28)、式(3-25) 按变换的精馏段产物坐标算得，分别为：$NTS_R=2.76$，$NTU_R=3.09$，$NTS_S=2.71$，$NTU_S=2.81$。

4.1.3.2 极限流率比（最小回流比条件）

如果精馏段和提馏段操作线的交点与相平衡曲线相交，如图 4.5 所示，给出了极限流率比的条件。该限制条件是精馏过程计算中重要的量，因为它分别确定了指定精馏任务下精馏段和提馏段操作线可能的最小和最大斜率。然而，由于该交点处推动力$|y^*-y|$为零，传质单元数或理论级数在塔的精馏段和提馏段均为无穷大，此时所需的分离能耗处于最小值。

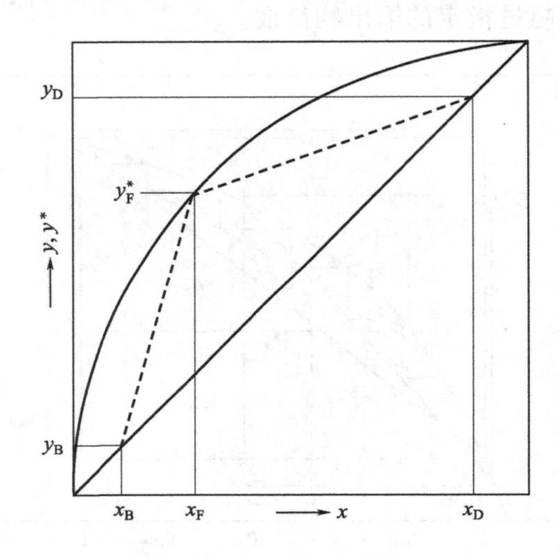

图 4.5 极限流率比

（曲线—相平衡曲线，虚线—最小流率比 R_{min} 下的精馏段操作线和最大流率比 S_{max} 下的提馏段操作线）

尽管从传质观点看，塔的精馏段流率比 R 和提馏段流率比 S 是传质段的特征变量，但是文献中常用的是定义为返回塔顶的液体流率除以塔顶馏出物流率的回流比

$$r=L/D=R/(1-R) \tag{4-1a}$$

和定义为返回塔底的蒸气流率除以提馏段底部产物流率的再沸比

$$s=V/B=1/(S-1) \tag{4-1b}$$

从塔的操作角度而言，它们是人们更关注的变量。

精馏段的最小流率比等于精馏段操作线可能的最小斜率

$$R_{min}=\frac{y_D-y_F^*}{x_D-x_F} \tag{4-2a}$$

而提馏段的最大流率比等于提馏段操作线可能的最大斜率

$$S_{\max}=\frac{y_{\mathrm{B}}-y_{\mathrm{F}}^{*}}{x_{\mathrm{B}}-x_{\mathrm{F}}} \tag{4-2b}$$

其中 y_{F}^{*} 和 x_{F} 是操作线与气液相平衡曲线交点的坐标（见图 4.5）。

最小流率比还可以用精馏段和提馏段的特征方程来计算。式(3-43) 中的 a_i 由各自的产品组成代替

$$a_i=(1-R)x_{\mathrm{D},i} \tag{4-3a}$$

和

$$a_i=(1-S)x_{\mathrm{B},i} \tag{4-3b}$$

其中 S 是提馏段的流率比，乘以相关产品流率得到

$$\frac{1}{1-R}=\sum_i\frac{\alpha_i x_{\mathrm{D},i}}{\alpha_i-RE_{\mathrm{R},n}} \tag{4-4a}$$

和

$$\frac{1}{1-S}=\sum_i\frac{\alpha_i x_{\mathrm{B},i}}{\alpha_i-SE_{\mathrm{S},m}} \tag{4-4b}$$

将相应的产品流率代入两个方程，并相加可得

$$\frac{D}{1-R}+\frac{B}{1-S}=\sum_i\frac{\alpha_i D x_{\mathrm{D},i}}{\alpha_i-RE_{\mathrm{R},n}}+\sum_i\frac{\alpha_i B x_{\mathrm{B},i}}{\alpha_i-SE_{\mathrm{S},m}} \tag{4-5}$$

由于式(4-5) 的左侧可写成

$$\frac{D}{1-R}+\frac{B}{1-S}=V_{\mathrm{R}}-V_{\mathrm{S}}=(1-q)F \tag{4-6}$$

并考虑到物料衡算式

$$Dx_{\mathrm{D},i}+Bx_{\mathrm{B},i}=Fx_{\mathrm{F},i} \tag{4-7}$$

至少会有一个普通的产物满足

$$RE_{\mathrm{R},n}=SE_{\mathrm{S},m}=\Phi \tag{4-8}$$

式(4-5) 简化后得到

$$1-q=\sum_i\frac{\alpha_i x_{\mathrm{F},i}}{\alpha_i-\Phi} \tag{4-9}$$

对于流率比 $L/V\neq1$ 条件下 n 个组分的混合物，Φ 总是存在（$n-1$）个根。

将数值在轻、重关键组分相对挥发度值之间的根 $\Phi=\Phi_{\mathrm{key}}$ 代入式(4-4a) 和式(4-4b)，分别得到精馏段的最小流率比

$$\frac{1}{1-R_{\min}}=\sum_i\frac{\alpha_i x_{\mathrm{D},i}}{\alpha_i-\Phi_{\mathrm{key}}} \tag{4-10a}$$

和提馏段的最大流率比

$$\frac{1}{1-S_{\max}}=\sum_i\frac{\alpha_i x_{\mathrm{B},i}}{\alpha_i-\Phi_{\mathrm{key}}} \tag{4-10b}$$

也可用物料衡算式来计算流率比 $S_{\max}$

$$S_{\max}=\frac{R_{\min}D+(1-R_{\min})qF}{D-(1-R_{\min})(1-q)F} \tag{4-10c}$$

对于具有理论级的塔，Underwood[9]获得了同样的结果，因为精馏区域的节点位置不依赖于用来计算精馏线的模型。

将式(4-9)的值（$\Phi=\Phi_{key}$）代入式(4-10a)和式(4-10b)得到极限流率比，并由式(4-8)得到两个塔段各自一个节点的E值。两个塔段缺少的第二个节点的E值是两个操作线与相平衡曲线交点的E值，是两个精馏区域共用的E_I。由式(3-40)、式(3-41)可得到节点的坐标。

对于图4.6所示的精馏过程，相关数据是：$\Phi_{key}=1.667$，$R_{min}=0.515$，$S_{max}=1.762$，$E_I=1.544$，$E_R=[3.235, 1.800]$，$E_S=[1.800, 0.946]$。

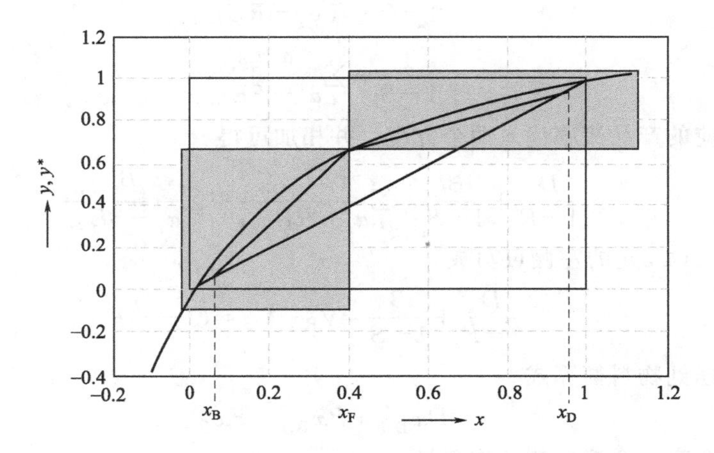

图4.6 极限流率比下的精馏区域

（曲线—相平衡曲线，$\alpha=[3,1]$；实线—极限操作线，

$x_B=0.05$，$x_F=0.4$，$x_D=0.95$，$q=1$）

4.1.3.3 最佳进料位置

对于给定流率比的最佳进料位置，需满足对塔的最小高度的要求。如果塔中任何位置的推动力等于该位置处的最大可能推动力[17]，并且满足进料与进料处浓度混合最小的条件，塔高最小的要求就能满足。因此，如果进料由摩尔分数为$x_{L,i}$、流率为F_L的液体和摩尔分数为$y_{V,i}$、流率为F_V的蒸气组成，则根据物料衡算

$$F_L x_{L,i}+F_V y_{V,i}=F x_{F,i} \tag{4-11}$$

须将液体和蒸气进料引入塔中，该处液相的摩尔分数为x_i，气相的摩尔分数为y_i，分别与进料中的相应摩尔分数相同，即$x_i=x_{L,i}$和$y_i=y_{V,i}$。考虑到这一点，由式(4-11)得到q线

$$y_i=\frac{1}{1-q}x_{F,i}-\frac{q}{1-q}x_i \tag{4-12a}$$

其中

$$q=\frac{F_L}{F} \quad 和 \quad (1-q)=\frac{F_V}{F} \tag{4-13}$$

或

$$q=\frac{y_i-x_{F,i}}{y_i-x_i} \tag{4-12b}$$

式(4-13) 定义了进料的热状态：

$q<0$ 进料是过热蒸气；

$q=0$ 进料是饱和蒸气；

$0<q<1$ 进料是两相进料；

$q=1$ 进料是饱和液体；

$q>1$ 进料是过冷液体。

式(4-12a) 是过 x_F 与对角线的交点的直线，如图 4.7 所示。

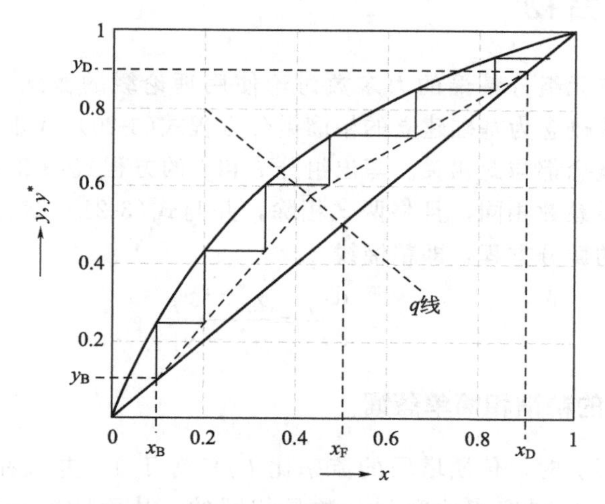

图 4.7 McCabe-Thiele 图中的加料板位置

（曲线—相平衡曲线，虚线—精馏段和提馏段的操作线）

在优化条件下，两个塔段的操作线在 q 线处相交，如图 4.7 所示，为 $q=0.5$ 的两相进料。从给定的塔釜组成开始，需要约 5.5 个理论级以达到所需的馏出物组成，其流率比如图 4.7 所示。

4.1.3.4 最佳流率比

最佳流率比由经济分析得出，该分析使精馏过程总费用最小化，总费用包括投资和操作费用，是精馏段流率比的函数[17]。该分析基于以下事实：在极限流率比下，由于需要无限理论级数或传质单元数，塔的投资费用是无限的，且该费用随着精馏段流率比的增加而减小，而操作费用在极限流率比时为最小，且随着精馏段流率比的增加而增加。因此，绘制作为精馏段流率比函数的投资费用和操作费用曲线，给出了两条具有相反斜率的曲线，由此得到使总费用最小的最佳流率比。

尽管精馏塔的高度由传质速率所决定，但塔的直径由最大可接受的流率所决定，即由塔的流体动力学决定。

塔的实际板数可通过精馏塔 Murphree 总效率 E_{M}[17,29,31]来计算，它定义为塔的理论级数与实际板数的比值，其值约为 0.7。将实际板数乘以板间距得到塔的近似高度。对于填料塔，平均传质单元高度 $HTU=0.4\mathrm{m}$，可用作初始估计值。

塔的流体动力学受到所谓的塔液泛的限制[17]，它是由蒸气或液体流率过高造成的。

4.2 三元混合物

关于三元组分精馏的大多数讨论使用理论级的概念[9,10,32-34]，而以物理学中传质概念为基础建立的精馏微分方程式(3-20) 代表了更基本的概念，其他所有概念都与此相关。写出组分 i 和 j 的方程式(3-20)，并假设这两种组分的传质系数相同，且将两式相除，并与式(3-21) 结合得到三元精馏中浓度分布的微分方程，即精馏线

$$\frac{\mathrm{d}x_j}{\mathrm{d}x_i}=\frac{y_j^*-y_j}{y_i^*-y_i} \tag{4-14}$$

4.2.1 全回流下的精馏和简单蒸馏

在全回流时，传质塔段的流率比 L/V 等于 1，并且在传质塔段的任何横截面上气相和液相的摩尔分数是相同的，从而物料衡算式(3-32) 可简化为

$$y_i=x_i \tag{3-32a}$$

微分方程式(4-14) 变为

$$\frac{\mathrm{d}x_j}{\mathrm{d}x_i}=\frac{y_j^*-x_j}{y_i^*-x_i} \tag{4-14a}$$

4.2.1.1 微分方程的向量场

式(4-14a) 属于超几何微分方程组，具有一些有趣的性质[25]，吉布斯三角形坐标系中的相关向量场如图 4.8 所示。

向量场包含三个直线形式的特解，它们两两之间交叉，从而形成吉布斯三角形。由于式(4-14a) 的分子和分母在三角形的直边或角点的交点处为

零，式(4-14a) 在这些点上为不定式，这些点被称为节点或精馏端点，它们具有不同的特征。然而，在左节点和右节点的相邻区域中，所有向量分别指向远离节点或朝向节点的方向，三角形顶部节点处的向量部分指向节点，部分远离节点。由于这种特性，左节点称为不稳定节点，右节点称为稳定节点，顶节点称为鞍点[25]。划定吉布斯三角形的直线是所谓的分离线或分离面[11-13]，因为式(4-14a) 有物理意义的解仅限于吉布斯三角形。

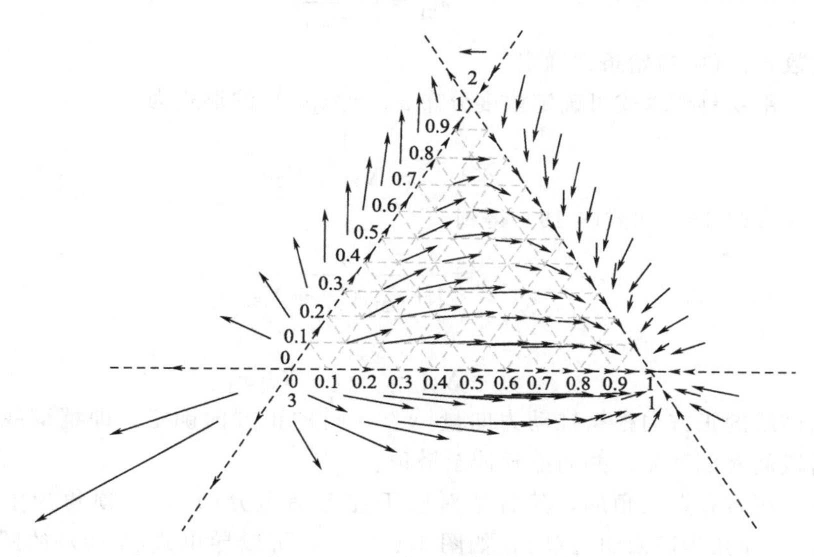

图 4.8 全回流精馏线的向量场

(---- 分离线)

4.2.1.2 精馏线场

全回流情况下，由式(3-22) 可得

$$\frac{\mathrm{d}x_i}{y_i^*-x_i}=\frac{\mathrm{d}x_j}{y_j^*-x_j}=\mathrm{d}(NTU)_\mathrm{V} \tag{4-15}$$

将式(3-25) 和上式的两个积分整理成一个式子，可得解析解[12]

$$\frac{x_j}{x_i}=c_j\left(\frac{x_k}{x_i}\right)^{\frac{(\alpha_i-\alpha_j)}{(\alpha_i-\alpha_k)}} \tag{4-16}$$

常数 c_j 可由初始条件确定。

应该注意的是，根据式(3-52) 的模式，式(4-16) 也适用于简单蒸馏。

值得注意的是，式(4-16) 的特征变量是摩尔比分数而不是摩尔分数，以低沸组分 (1) 作为参考组分，中沸组分 (2) 作为组分 j，高沸组分 (3) 作为组分 k 得到

$$X_{21}=\frac{x_2}{x_1} \tag{4-17}$$

$$X_{31}=\frac{x_3}{x_1} \tag{4-18}$$

和

$$X_{21}=c_{21}X_{31}^{e_{21}} \tag{4-19}$$

其中

$$e_{21}=\frac{\alpha_1-\alpha_2}{\alpha_1-\alpha_3} \tag{4-20}$$

常数 c_{21} 可由初始条件确定。

用物料衡算式可确定浓度分布 $x_1=f(x_2)$ 的形式为

$$x_1=\frac{1}{1+X_{21}+X_{31}} \tag{4-21}$$

代入式(4-18) 和式(4-19) 得到

$$x_1=\frac{1}{1+c_{21}X_{31}^{e_{21}}+X_{31}} \tag{4-22}$$

和

$$x_2=X_{21}x_1,\ x_3=X_{31}x_1 \tag{4-23}$$

精馏线的正方向根据推动力向量 $|\boldsymbol{y}^*-\boldsymbol{x}|$ 的正方向确定，即精馏线从传质塔段的底部开始，并向上延伸至塔顶。

用吉布斯三角形，其右角对应于纯低沸组分(1)，上顶角为中沸组分(2)，左角为高沸组分(3)，如图 4.9 所示，可以导出式(4-19) 的图解。变量 X_{31} 被视为横坐标，变量 X_{21} 被视为纵坐标。由于变量 X_{31} 表示从横坐标至经过上顶角的直线，变量 X_{21} 表示从右斜边至经过吉布斯三角形左角的直

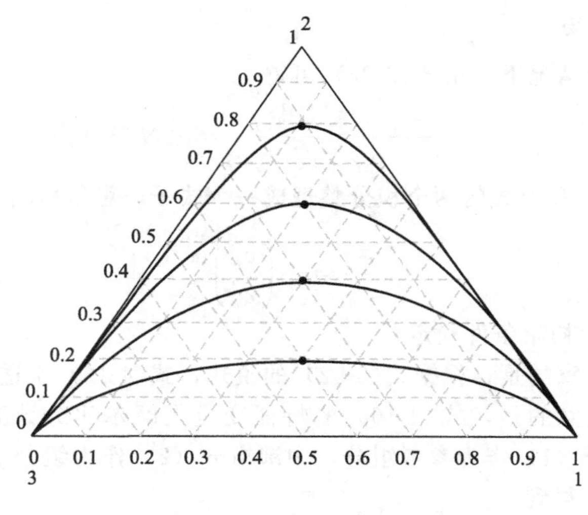

图 4.9 全回流下的精馏线

（· 初始条件）

线，这两条直线的交点给出了精馏线的相应摩尔分数。

从初始浓度 x_1、x_2开始，分别绘制两条直线穿过这个点和吉布斯三角形的左角、上角，可以算出式(4-19) 中的常数，然后将变量 X_{21}确定为变量 X_{31}的函数。

将常数 c_{21}从零变为无穷大可得到所有的精馏线。所有精馏线在纯组分 (1) 和 (3) 之间穿行，吉布斯三角形的边对应于极限二元混合物，如图 4.9 所示。

本章中使用的相对挥发度涉及三元物系甲醇(1)-乙醇(2)-正丙醇(3)，近似视为理想混合物，$\alpha_1=3.25$，$\alpha_2=1.90$，$\alpha_3=1$。

浓度分布作为无量纲高度和理论级数的函数可由式(4-24) 与式(4-19) 结合导出

$$H_{\mathrm{V}}^{*}=\ln c_{31}-\ln\left(\frac{1}{1+c_{21}X_{31}^{e_{21}}+X_{31}}\right)+\frac{\alpha_1}{\alpha_3-\alpha_1}\ln X_{31} \qquad (4\text{-}24)$$

如图 4.10～图 4.12 所示。

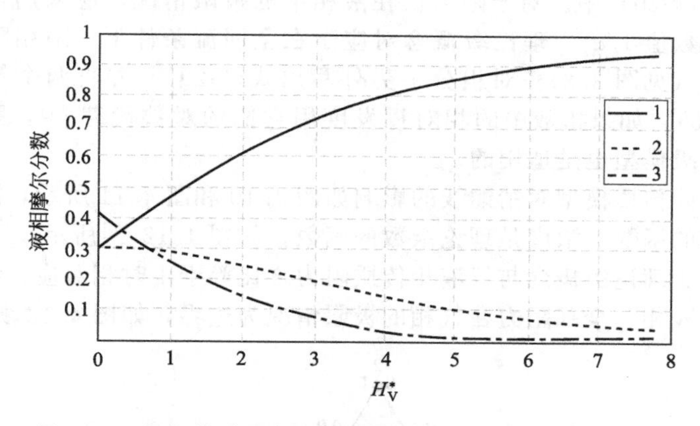

图 4.10 气相传质阻力为主时沿无量纲塔高度的浓度分布

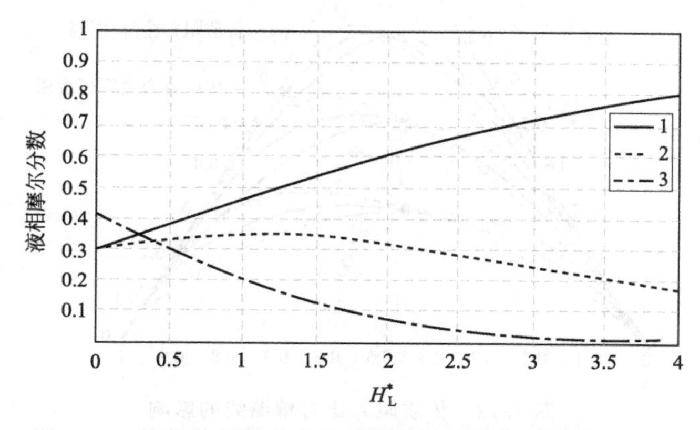

图 4.11 液相传质阻力为主时沿无量纲塔高度的浓度分布

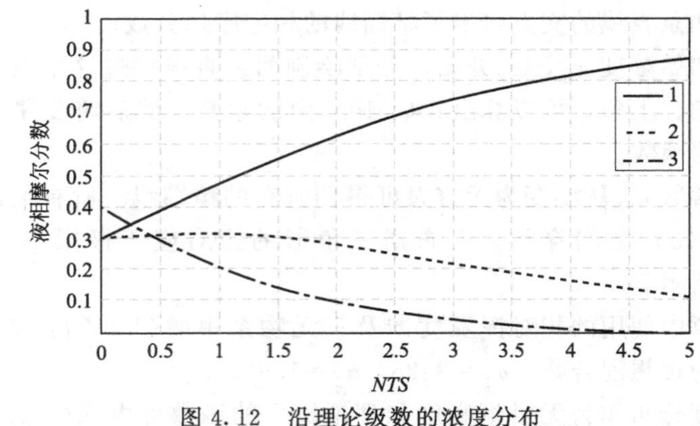

图 4.12 沿理论级数的浓度分布

4.2.1.3 传质阻力的影响

如第 3 章所述，传质阻力影响液相和气相中的推动力，可用改变相对挥发度来说明。对于阻力仅在气相的极限情况，常规相对挥发度 α_i 用于精馏线的式(4-20) 中。对于阻力仅在液相中的极限情况，应采用常规相对挥发度的倒数值 $1/\alpha_i$。理论级概念对应于在全回流条件下，两相阻力均匀分布的情况（见图 3.3）。对组分 j 另外写出式(3-29)，并将两个等式相除得到式(4-16)，如果指数中的相对挥发度用它们的对数代替[35]，那么式(4-16) 对理论级模型也是适用的。

不同传质模型对精馏线的影响如图 4.10 和图 4.11 所示，浓度是无量纲塔高度的函数；浓度是理论级数的函数，如图 4.12[37] 所示。

由于理论级概念与气液相传质阻力之比等于 1 时相对应，精馏线以全部阻力在液相、全部阻力在气相的极限情况为边界，如图 4.13 所示。

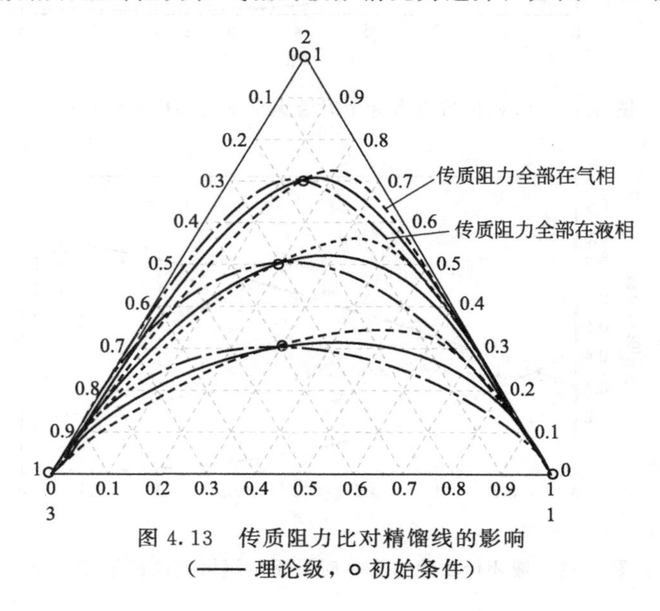

图 4.13 传质阻力比对精馏线的影响

（—— 理论级，o 初始条件）

对于传质系数的任意分布

$$k=\frac{k_L}{k_V}$$

式(4-19) 的指数 e 可以近似为

$$e=a+b\frac{1}{1+k}+c\left(\frac{1}{1+k}\right)^2 \tag{4-25}$$

其中

$$a=e_G,\ b=4e_{TS}-e_L-3e_G,\ c=2e_L-4e_{TS}+2e_G \tag{4-26}$$

如图 4.14 所示。

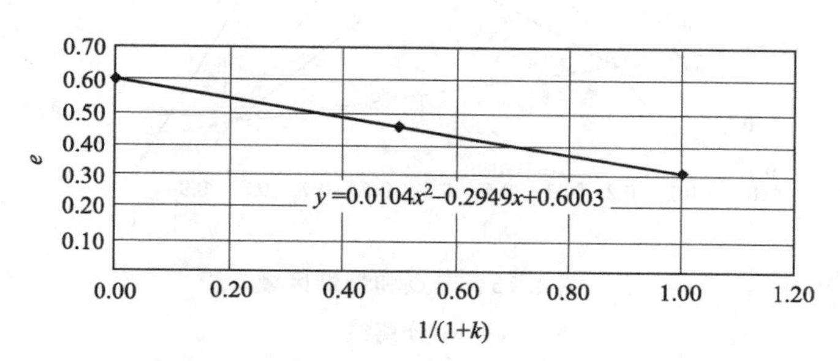

图 4.14 指数 e 的近似值与传质系数比 k 的关系 [式(4-25)]

4.2.2 部分回流下的精馏

如之前对全回流的讨论，在部分回流时，式(4-14) 的解也包含三个直线形式的特解，它们两两之间交叉，从而形成一个置换了的三角形，如图 4.15 所示。由于微分方程式(4-14) 的分子和分母在直线的交点处都是零，因此在这些点处微分方程为不定式，这些点被称为节点。由于可行的浓度分布或精馏线限于由直线限定的三角形内，因此三角形被称为精馏区域，而直线被称为分离线。在全回流时，分离线与吉布斯三角形的边重合，精馏区域与吉布斯三角形相同。

4.2.2.1 部分回流下的向量场

部分回流下，精馏段和提馏段液体浓度分布的精馏区域分别在图 4.16 和图 4.17 中以向量场的形式被可视化，再次表明了三个节点的不同特性。靠近左节点的所有向量 $|\boldsymbol{y}^*-\boldsymbol{y}|$ 都指向离开该节点方向，顶部节点附近的向量部分指向该节点，部分离开该节点，而右节点附近的向量都指向该节点。由于这种特性，左节点称为不稳定节点，顶节点称为鞍点，右节点称为稳定节点。由于在精馏过程中推动力向量 $|\boldsymbol{y}^*-\boldsymbol{y}|$ 总是指向较高浓度的最低沸点组分，因而所有精馏线都始于不稳定节点，终于稳定节点。

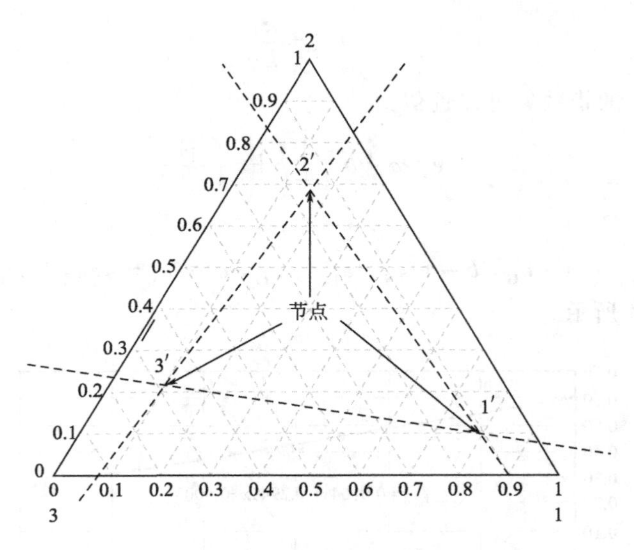

图 4.15 节点和精馏区域

（----分离线）

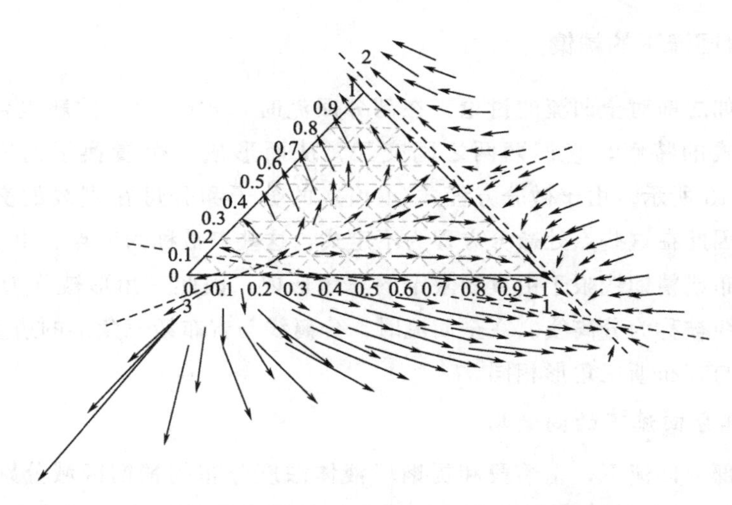

图 4.16 部分回流下精馏段液体精馏线的向量场

（----分离线）

对于部分回流下液体的每个精馏区域，如图 4.17 所示，还存在气体的精馏区域，图 4.18 描述了与图 4.17 对应的气体的精馏线向量场。

气体精馏区域的节点与液体精馏区域的节点处于相平衡状态。

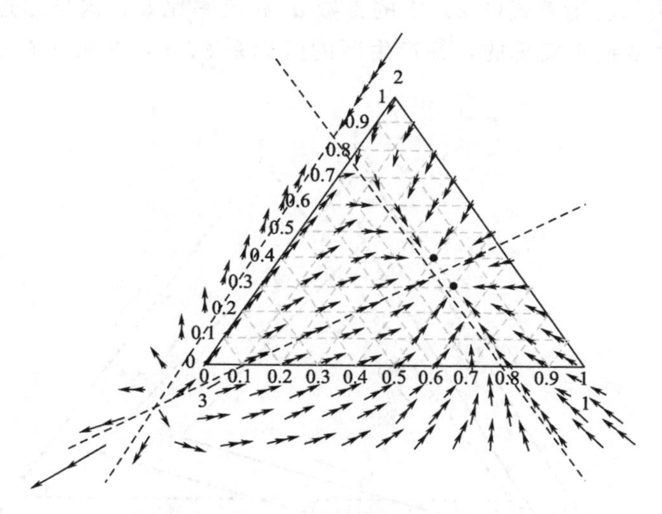

图 4.17 部分回流下提馏段液体精馏线的向量场
(----分离线)

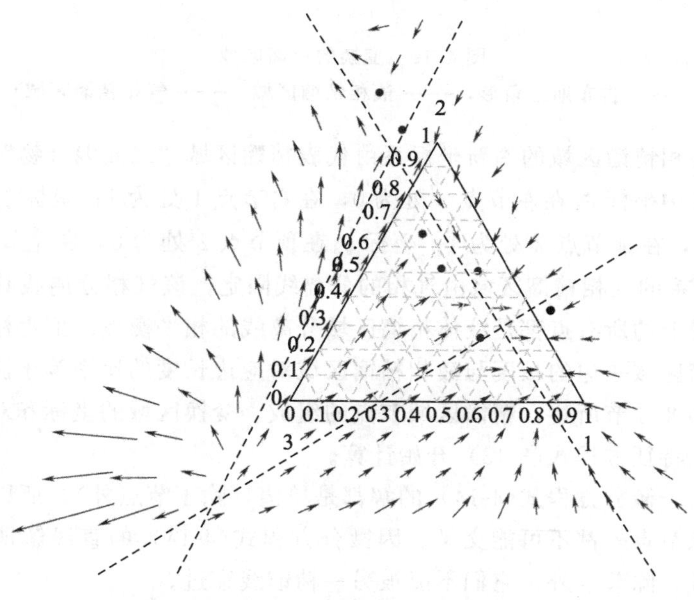

图 4.18 与图 4.17 对应的气体精馏线的向量场
(----分离线)

4.2.2.2 精馏区域和分离线

与二元精馏类似，精馏区域的节点和本征坐标也遵循条件$|\boldsymbol{y}^{*}-\boldsymbol{y}|=0$，即式(4-14) 的推动力在节点处为零。为了获得微分方程式(4-14) 的解析解，

必须除去物料衡算式(3-2) 中的常数 a_i 和流率比 R。这是通过引入坐标 x、y 的线性变换来实现的，并产生新的坐标系 ξ、η，如第 3 章所述和图 4.19 所示。

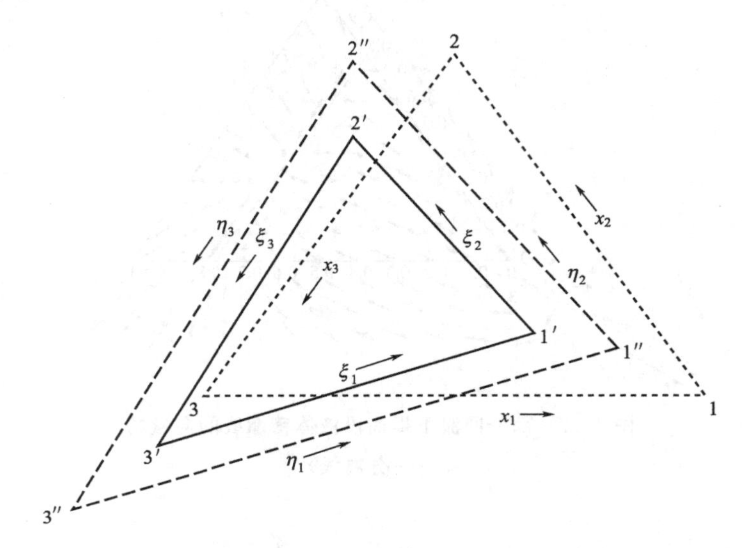

图 4.19 变换的精馏区域

(----- 吉布斯三角形，—— 液相精馏区域，– – – 气相精馏区域)

液相精馏区域的 ξ 新坐标系由代表精馏区域“二元混合物”的分离线限定，其中坐标 ξ_1 在左节点 3′处为 0，在右节点 1′处为 1；坐标 ξ_2 在右节点 1′处为 0，在顶节点 2′处为 1；坐标 ξ_3 在顶节点 2′处为 0，在左节点 3′处为 1。η 坐标系的气相精馏区域由气相的分离线限定，该气相分离线具有这样的性质：线上的所有点都是液体精馏区域分离线的相平衡点。值得注意的是，气相精馏区域一边的长度与液相精馏区域对应边长度的比率等于流率比 L/V。

如 3.6 节所述，精馏区域节点的组成、变换区域的坐标和对应的组成分布可从特征方程式(3-43) 开始计算。

由于微分方程式(4-14) 的解都是单值（除了节点外），所以任何两条精馏线除节点外都不可能交叉。因微分方程式(4-14) 的直线解即分离线也是精馏线，除节点外，它们不能被另一精馏线穿过。

从精馏的角度来看，节点代表精馏线的极限点，即所有精馏线始于左（不稳定）节点 3′，经过鞍点或节点 2′，并终于右（稳定）节点 1′。因此，由直线形成的三角形限定了精馏区域，且在该区域外不可能进行精馏。因此，这些直线称为分离线或分隔线。

由于推动力向量，即微分方程式(4-14) 的右边，总是指向轻沸组分含量较高的摩尔分数，该方向将被认为是精馏线的正方向。

值得注意的是，有三种不同的分离线：

① 从不稳定节点到稳定节点的分离线称为第一种分离线。任意组分数的混合物只有一条第一种分离线，相应的节点是精馏端点。

② 从不稳定节点到鞍点或从鞍点到稳定节点的分离线称为第二种分离线。

③ 从一个鞍点到另一个鞍点的分离线称为第三种分离线。它们仅存在于四种或四种以上组分的混合物中，它们表示至少四种组分的精馏区域。

分离线是微分方程式(4-14) 的特解，并服从条件[13]

$$\frac{\mathrm{d}y_j^*}{\mathrm{d}y_i^*}=\frac{\mathrm{d}x_j}{\mathrm{d}x_i}=u \tag{4-27}$$

将相对挥发度为常数的混合物相平衡方程式(3-8) 代入式(4-27) 并求解，得到二次方程式

$$u=0.5(a\pm\sqrt{t^2+4b}) \tag{4-28}$$

其中

$$a=\frac{E_\mathrm{F}(\alpha_i-\alpha_j)-\alpha_i x_{i\mathrm{F}}(\alpha_i-\alpha_k)+\alpha_j x_{j\mathrm{F}}(\alpha_j-\alpha_k)}{\alpha_i x_{i\mathrm{F}}(\alpha_j-\alpha_k)}$$

和

$$b=\frac{\alpha_j x_{j\mathrm{F}}(\alpha_i-\alpha_k)}{\alpha_i x_{i\mathrm{F}}(\alpha_j-\alpha_k)}$$

表明总有两条分离线穿过三元组分，且这两条分离线的斜率完全由相平衡限定。除液相分离线外，还有气相分离线，它们与液相分离线平行，气相分离线上的每个点与其在液相分离线上的平衡点处于相平衡（见图 4.20)。应该

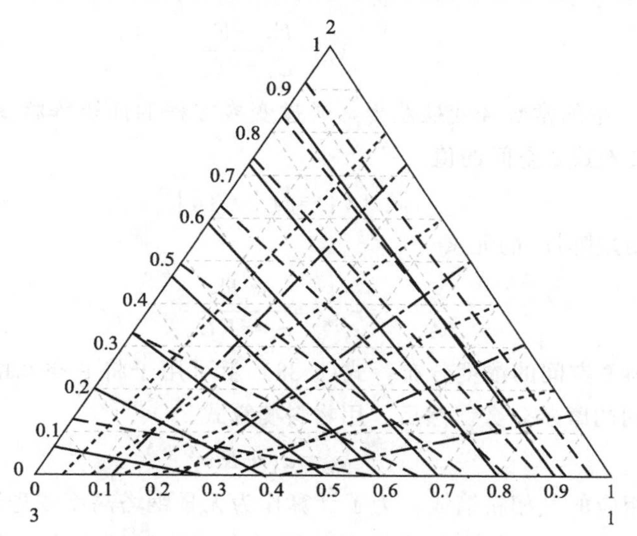

图 4.20 理想三元混合物的分离线

(α=[3,2,1]；—— ，--- 液相分离线；— — — ，------ 气相分离线)

注意的是，存在两组分离线族，即一组斜率为负和一组斜率为正。负斜率线族的两条分离线与正斜率线族的一条分离线一起形成精馏段的精馏三角形，反之，形成提馏段的精馏三角形。有关分离线性质的更广泛讨论请参见文献[12]、文献［32］～［34］。

从数学观点看，通过节点的分离线斜率与该节点雅可比矩阵的特征向量有关。

重要的是，要注意节点位置是由相平衡式(3-8) 与操作线方程式(3-32)的交点唯一确定的，而不依赖于所用传质模型的类型。

4.2.2.3 精馏线的计算

液相精馏线的计算采用与上述全回流下精馏相同的计算程序，即式(3-8)中的α_{ir}值被相应的E_i值代替；摩尔比X被ξ空间的摩尔比代替，定义为

$$\Xi_j = \frac{\xi_j}{\xi_i} \tag{4-29}$$

和

$$\Xi_k = \frac{\xi_k}{\xi_i} \tag{4-30}$$

这样，式(4-19) 可以写成

$$\Xi_j = \chi_j \Xi_k^{\lambda_j} \tag{4-31}$$

其中

$$\lambda_j = \frac{E_i - E_j}{E_i - E_k} \tag{4-32}$$

式(4-31) 中的常数经变换获得，通过变换方程的逆矩阵将x空间的初始摩尔分数转换成ξ空间的值

$$|\boldsymbol{x}| = |\boldsymbol{r}| \cdot |\boldsymbol{\xi}| \tag{4-33}$$

其中变换矩阵$|\boldsymbol{r}|$的元素

$$r_{i,n} = \frac{a_i E_n}{\alpha_i - RE_n} \tag{4-34}$$

一旦算得ξ空间的浓度分布，式(4-33) 就可用于将ξ空间的摩尔分数变换成x空间的摩尔分数。然后，用物料衡算式

$$y_i = a_i + Rx_i \tag{3-2}$$

可获得相应的气相精馏线。为了计算作为无量纲塔高度或理论级数函数的液相浓度分布，使用与全回流情况相同的方程，但转换为ξ空间的变量。例如，在ξ空间式(3-25) 写成

$$(NTU)_V = \ln c_{ki} - \ln\xi_i + \frac{E_i}{E_k - E_i}\ln \Xi_k = \frac{H_V}{(HTU)_V} = H_V^* \quad (4\text{-}35)$$

通过式(3-36) 变换 x 空间的摩尔分数获得 ξ 空间的初始摩尔分数。在求解式(4-35)后，浓度分布须再用式(4-33) 转换成 x 空间的浓度分布 x_i。

使用上述的相关方程，相同的程序适用于阻力全在液相或理论级概念的情况。

第 3 章中推导的方程适用于具有任意组分数的物系，可直接应用于多元物系。因式(4-14) 表示了初值问题，虽然所需的初值可由合理的产品区域确定，如稍后将讨论的，但从式(3-43) 出发以形式

$$V_R = \sum \frac{x_{D,i}D}{\alpha_i - RE_{R,n}} = \sum \frac{d_i}{\alpha_i - \Phi_{F,j}} \quad (3\text{-}43a)$$

计算更方便，其中

$$d_i \leqslant f_i = x_{F,i}F$$

是塔顶馏出物中组分 i 的回收量，$\Phi_{F,j}$ 是式(4-9) 位于待分离混合物的两关键组分的 α 值之间的解。

以三元混合物为例，$\alpha=[3,2,1]$，进料流率 $F=1$，进料组成 $x_F=[0.3,0.4,0.3]$，进料热状态 $q=1$，所需的回收量 $d=[0.299,0.005,0.001]$，分离 (1)-2/2-(3)，即组分 1 是轻关键组分，组分 3 是重关键组分，式(4-9) 的根 $\Phi=[1.2,2.5]$，如图 4.21 所示。

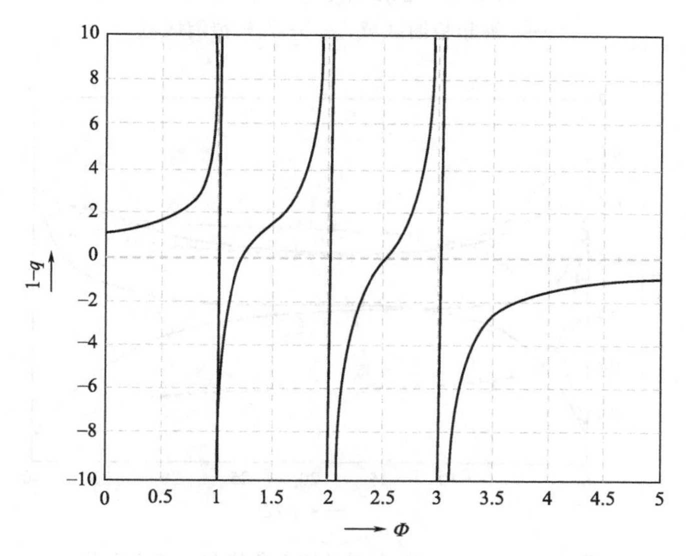

图 4.21 Φ 函数

{式(4-9)，$\alpha=[3,2,1]$，$x_F=[0.3,0.4,0.3]$，$q=1$}

取两关键组分的 α 值之间的一个根，例如 $\Phi=2.5$，由式(3-43a) 可算得

最小蒸气流量 $V_{\min}=0.833$。因 $D=\sum d=V_R-L_R$，可算得最小流率比 $R_{\min}=0.4$。由物料衡算式(4-10c) 算得提馏段的最大流率比 $S_{\max}=1.6$。精馏段节点的 E 值由式(4-8) 算得：$E_R=[6.25,3.0,2.0]$，$E_S=[2.00,1.56,0.75]$，节点 $E_R(3)$ 和 $E_S(1)$ 的 E 值等于进料 E_F 值。节点的组成由式(3-40) 和式(3-41) 算得。对于极限流率的情况，这些结果如图 4.22 所示。图 4.22 的浓度分布作为传质单元数的函数示于图 4.23 中。进料位置约对应于 $NTU=17$。

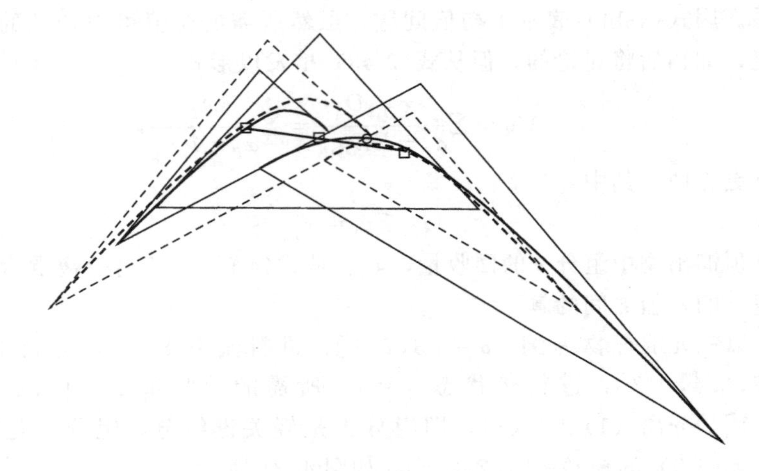

图 4.22 极限流率下的精馏区域

(—— 液相精馏区域，---- 气相精馏区域)

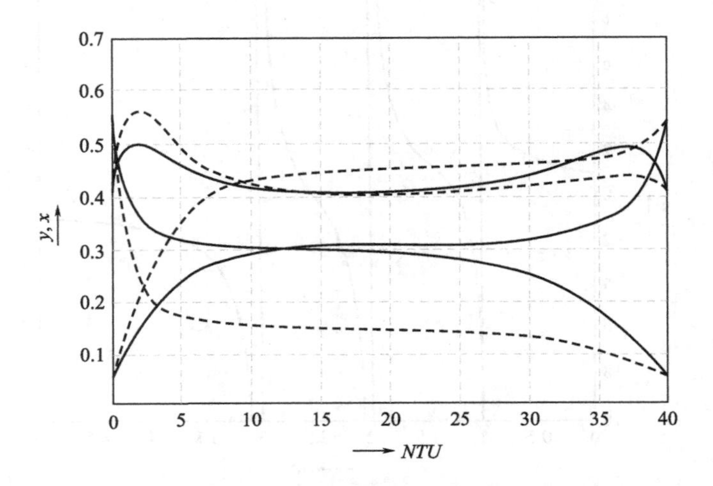

图 4.23 与图 4.22 对应的浓度曲线与 NTU 关系

(—— 液相精馏线，---- 气相精馏线)

4.2.3 可逆精馏

可逆精馏可作为衡量精馏能耗的基准，因为它分离混合物所需的能量最小[28,36]。可逆精馏的基本方程式(3-56) 是在第 3 章导出的

$$\alpha_i = E\left[(1-R)\left(\frac{x_{i,0}}{x_i}-1\right)+1\right] \tag{3-56}$$

也可对组分 j 和 k 写出该式，并从式(3-56) 中减去，结果为

$$\alpha_i-\alpha_j = E(1-R)\left[\left(\frac{x_{i,0}}{x_i}-1\right)-\left(\frac{x_{j,0}}{x_j}-1\right)\right] \tag{3-56a}$$

$$\alpha_i-\alpha_k = E(1-R)\left[\left(\frac{x_{i,0}}{x_i}-1\right)-\left(\frac{x_{k,0}}{x_k}-1\right)\right] \tag{3-56b}$$

将这两个方程相除并整理得

$$(\alpha_i-\alpha_j)\frac{x_{k,0}}{x_k}+(\alpha_j-\alpha_k)\frac{x_{i,0}}{x_i}+(\alpha_k-\alpha_i)\frac{x_{j,0}}{x_j}=0 \tag{4-36}$$

并乘以

$$\frac{1}{\alpha_k-\alpha_j}\times\frac{x_i}{x_{i,0}}$$

得到更方便计算可逆精馏的浓度分布形式[14]

$$\frac{x_i}{x_j}=\frac{\alpha_j-\alpha_k}{\alpha_i-\alpha_k}\times\frac{x_{i,0}}{x_{j,0}}+\left(\frac{\alpha_i-\alpha_j}{\alpha_i-\alpha_k}\times\frac{x_{k,0}}{x_{j,0}}\right)\times\frac{x_i}{x_k} \tag{4-37}$$

图 4.24 中的精馏线是用式(4-37) 算得的，进料浓度和产品线上的几个

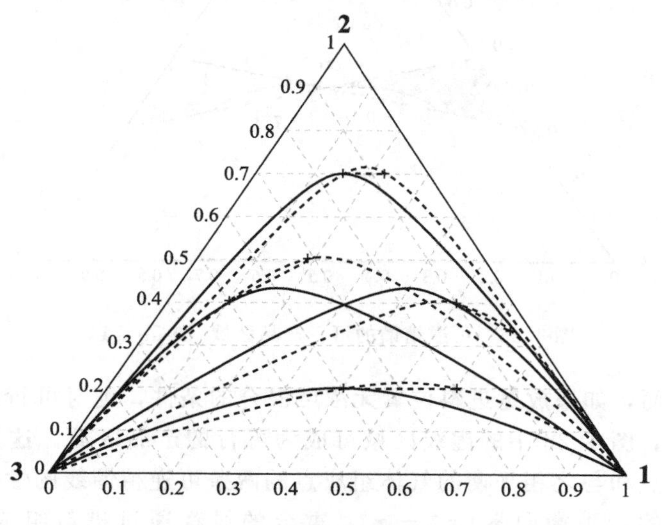

图 4.24 可逆精馏的精馏线

(—— 液相，----- 气相)

浓度与进料相平衡向量$|x_F - y_F^*|$一致，分别延伸到该线与二元物系 1-2 和 2-3 的交点。气相精馏线由与液相浓度相平衡的气相浓度算得。

值得注意的是，所有始于产品线、与相平衡向量一致的精馏线分别经过进料组成点或与进料相平衡的气相组成点。

4.2.4 产品区域

4.2.4.1 可逆精馏的产品区域

由于可逆精馏要求在进料位置不发生浓度混合，即进料须有与进料处液体流和（或）气体流相同的组成，故始于可行产物组成的精馏线必须经过进料组成点。对于饱和液体进料，满足该约束的可行产品区域限于相平衡线，即与进料相平衡向量$|x_F - y_F^*|$一致的线，在从进料组成点到该线分别与二元物系 1-2 和 2-3 交点的范围，如图 4.25 所示。由于进料位置的液体和蒸气处于平衡状态，因此进料严格限制在热状态 $0 \leqslant q \leqslant 1$ 和可逆精馏可行产物在图 4.25 的阴影区域。这些限于热状态 $0 \leqslant q \leqslant 1$ 可行的分离，被称为可逆分离或变换分离。

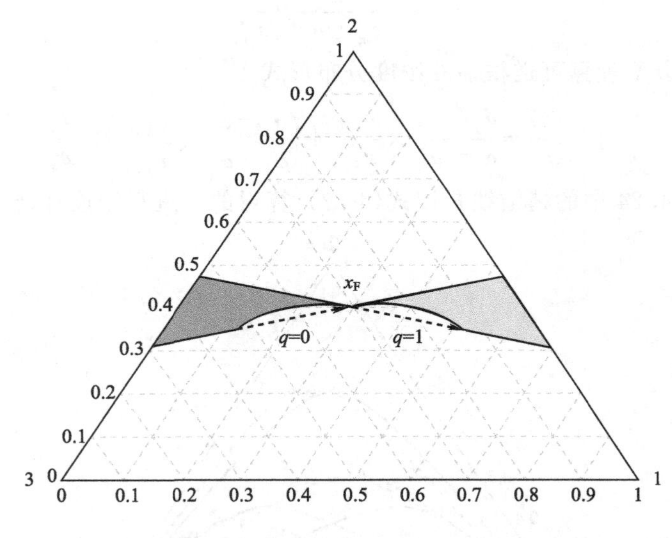

图 4.25 可逆精馏的可行产品区域（$0 \leqslant q \leqslant 1$）

然而，如果放宽进料位置无浓度混合的条件，则对可行产品的限制也可放宽，图 4.26 中的虚线区域可成为可行的产品区域。这是因为根据液体进料点和与之相平衡的气体组成点的两条可逆精馏线的性质，任何与这两条线的相平衡向量$|y^* - x^*|$重合的线都通过进料组成点 x_F，如图 4.26 所示。

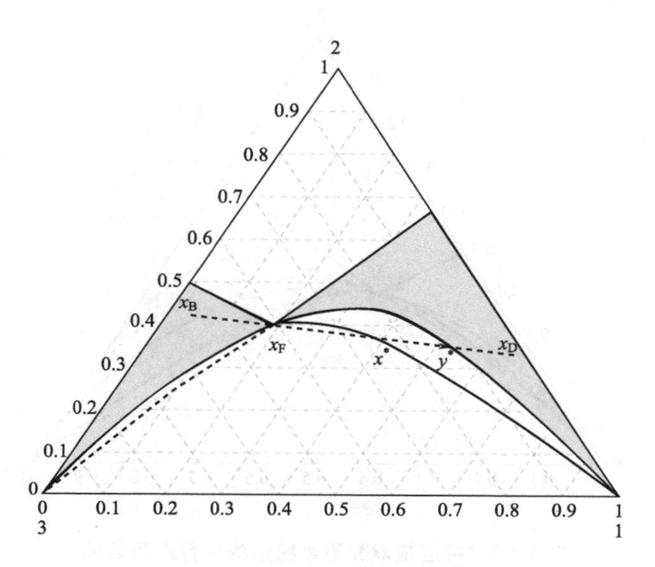

图 4.26 放宽的可逆精馏的产品区域
（阴影区域为产品区域）

可行的产品区域由气相精馏线给出，两条直线表示对纯产品物料衡算有效的限制，而吉布斯三角形的边 1-2 和 2-3 部分表示清晰分离的产物。清晰分离定义为这样的分离：进料中的至少一种较轻沸点组分和至少一种较高沸点组分分别不出现在底部产物和塔顶馏出物中，如三元精馏中的分离 (1)/(2)-3、1-(2)/(3) 或 (1)-2/2-(3)。斜杠表示相应的分离，括号中的组分定义为关键组分。

始于可行产物组分点的可逆精馏线必定经过进料组成点，这一可逆蒸馏的特定性质是控制绝热精馏假定的产物组成是否可行的便利工具。

4.2.4.2 基于传质和理论级概念的精馏（绝热精馏）产品区域

基于传质和理论级概念的方程求解问题与初值问题有关，需要指定初始组成，而这些初始组成通常是所需的产品成分。因精馏塔的自由度有限[17]，所以预测可行的产品区域非常重要。除了将经过进料组成点的可逆精馏线用全回流下经过进料组成点的精馏线代替，绝热精馏的可行区域很大程度上与上述可逆精馏的区域一致。由于全回流下的精馏线受传质阻力分布的影响（见图 4.13），绝热精馏的可行产品区域也取决于传质阻力的分布，如图 4.27 所示。

因此，可行的产品区域与全回流下经过进料组成点的相关的精馏线结合，两条直线代表了对纯产品的物料衡算限制，吉布斯三角形的部分边 1-2 和 2-3 表明了清晰分离的极限产品。

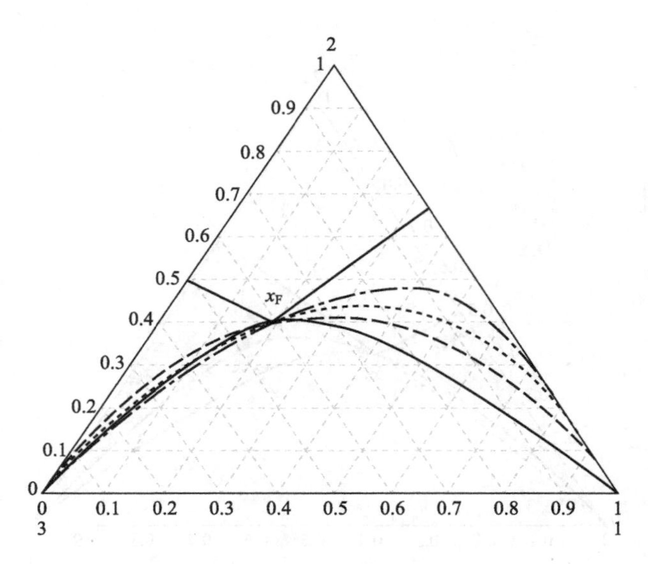

图 4.27 可逆精馏和绝热精馏的可行产品区域

(—— 可逆线，– – – 气相阻力为主线，

----- 理论级线，– · – 液相阻力为主线)

4.2.5 精馏塔

4.2.5.1 极限流率比下的精馏

精馏段最小流率比和提馏段最大流率比的条件是以塔内精馏段和提馏段的传质单元数或理论级数无穷大为特征的。这些极限流率比的确定可用三元混合物可能分离成的产物来解释。在极限情况下，给定的三元混合物有三种可能的分离，用斜杠表示，定义为：

① 过渡分离 (1)-2/2-(3)，其中产物线与进料的平衡向量一致，二元混合物 1-2 作馏出物，二元混合物 2-3 作底部产物；

② 直接分离 (1)/(2)-3，其中轻组分 1 作为馏出物，二元混合物 2-3 作为底部产物；

③ 间接分离 1-(2)/(3)，其中二元混合物 1-2 作为馏出物，组分 3 作为底部产物。

除了这些常规定义外，重关键组分和轻关键组分（在如上所示的括号中）更精确地定义了分离，这在后面定义多组分混合物分离时会变得更明显。

应该理解的是，不可能通过精馏获得纯组分，因为获得纯组分将需要无限高的塔。因此，任何产品都一定程度地含有杂质。

过渡分离的极限流率比由下式给出

$$R_{\min}=\frac{x_{\mathrm{D}}-y^{*}}{x_{\mathrm{D}}-x^{*}} \tag{4-38}$$

和

$$S_{\max}=\frac{x_{\mathrm{B}}-y^{*}}{x_{\mathrm{B}}-x^{*}} \tag{4-39}$$

对于 $q=1$，式中 $x^{*}=x_{\mathrm{F}}$，$y^{*}=y_{\mathrm{F}}^{*}$。

对于 $\alpha=[3,2,1]$、$x_{\mathrm{F}}=[0.2,0.3,0.5]$、$q=1$ 的三元混合物，过渡分离与可逆分离相同，由产物线与二元线的交点得到极限的二元产物 $x_{\mathrm{B}}=[0.000,0.231,0.769]$ 和 $x_{\mathrm{D}}=[0.571,0.429,0.000]$，如图 4.28 所示。

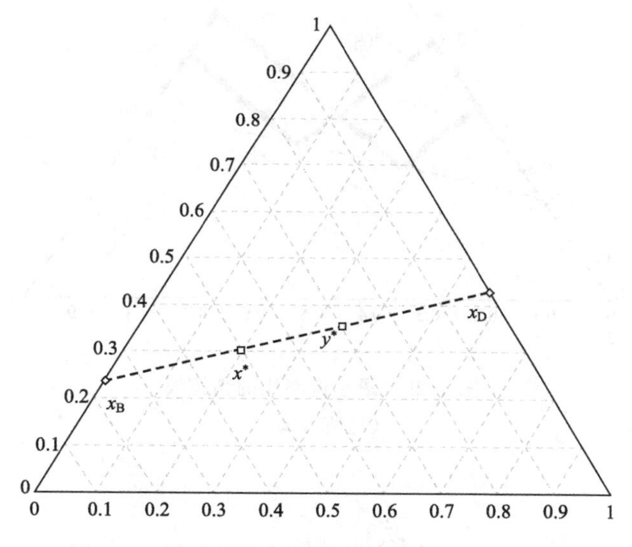

图 4.28 产物线与相平衡向量一致 $y^{*}=f(x^{*})$

($q=1$，$x_{\mathrm{F}}=x^{*}$)

由式(4-38) 和式(4-39) 获得的极限流率比分别是 $R_{\min}=0.588$ 和 $S_{\max}=1.765$，相应的精馏线如图 4.29 所示，相关的精馏区域见图 4.30，浓度分布与传质单元数的关系见图 4.31。

值得注意的是，图 4.30 中精馏段和提馏段的精馏区域在进料位置(图 4.31 中 $NTU=50$ 处) 相互接触，与进料组成相平衡的浓度呈现一个恒浓区或夹点区，如图 4.31 所示，即两个精馏区域有一个共同节点，它与进料组成一致。由于图 4.29 的产品被指定为纯二元物，浓度分布必定经过精馏塔每个塔段中第二个恒浓区，它们分别位于图 4.31 中约 $NTU=10$ 处和 $NTU=100$ 处。这个事实使式(4.10a) 和式(4.10b) 的根 Φ 的物理意义可视化。例如，对包括夹点区的精馏塔段和图 4.31 中的馏出物组成进行物料衡算，得到

$$Vy^*_{\infty,i}-Lx_{\infty,i}=x_{\mathrm{D},i}D \tag{4-40}$$

考虑到式(3-8)，上式可写为

$$Vy^*_{\infty,i}=\frac{x_{\mathrm{D},i}D}{1-(L/V)(E_\infty/\alpha_{i,\mathrm{r}})}=\frac{\alpha_{i,\mathrm{r}}x_{\mathrm{D},i}D}{\alpha_{i,\mathrm{r}}-RE_\infty} \tag{4-41}$$

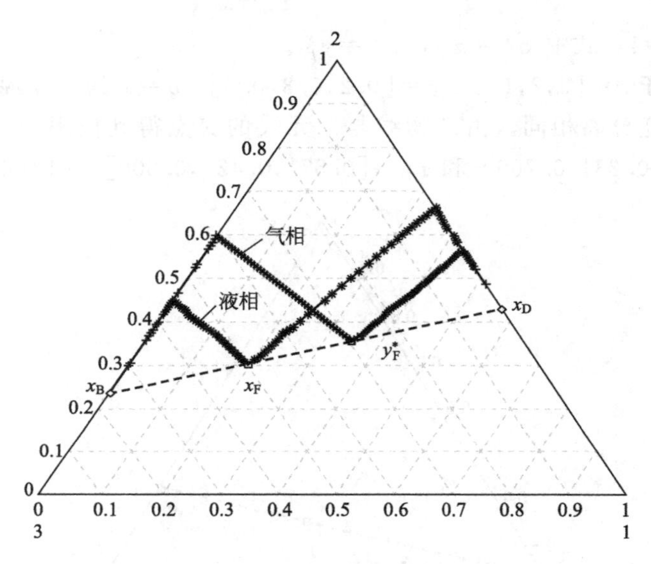

图 4.29 最小流率比的精馏线

（过渡分离）

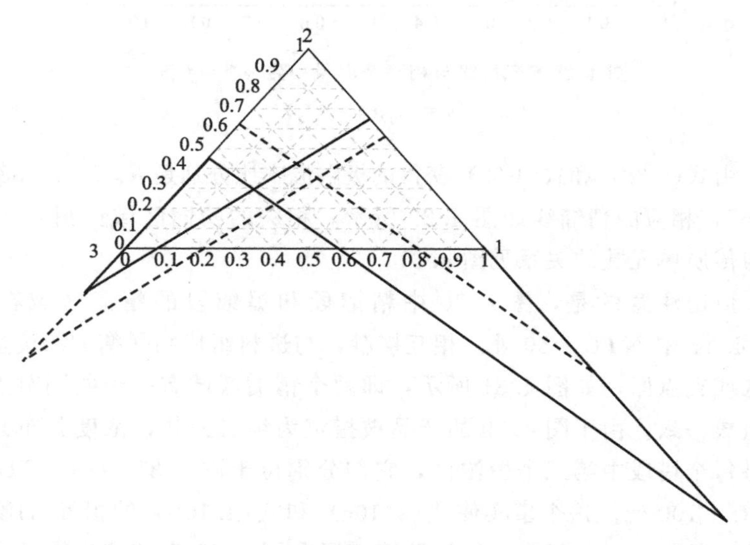

图 4.30 与图 4.29 对应的精馏区域（$x_F=[0.2,0.3,0.5]$）

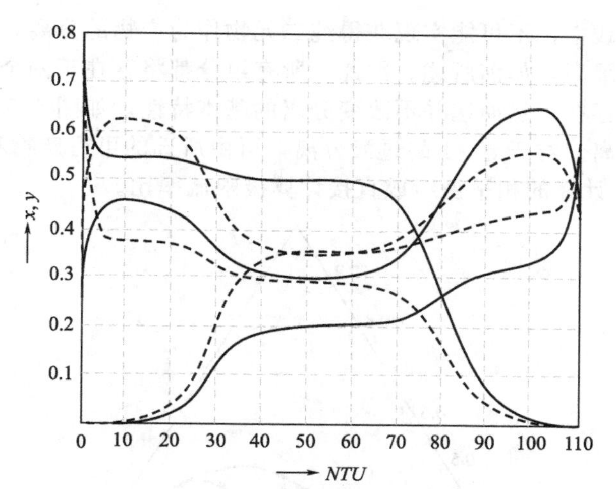

图 4.31 与图 4.29 对应的浓度与 NTU 的关系
（$R=R_{\min}$，—— 液相，---- 气相）

或归纳为

$$\frac{V}{D}=\frac{1}{1-R}=\sum\frac{\alpha_{i,\mathrm{r}}x_{\mathrm{D},i}}{\alpha_{i,\mathrm{r}}-RE_{\infty}}=\sum\frac{\alpha_{i,\mathrm{r}}x_{\mathrm{D},i}}{\alpha_{i,\mathrm{r}}-\Phi} \tag{4-42}$$

表明 Φ 是流率比 R 与精馏段夹点区摩尔平均相对挥发度 E_{∞} 的乘积。类似的解释对于提馏段也是有效的。

对于 $q\neq1$ 的过渡分离，式(4-38) 和式(4-39) 所需的相平衡向量 $|\boldsymbol{y}^{*}-\boldsymbol{x}^{*}|$ 可通过计算始于所选产品组成点的液相和气相的可逆精馏线来找到，它们在所需的相平衡数据点（见图 4.23）与产物线相交，或用相平衡方程式(3-8) 沿所选产物线延伸，直到相平衡数据位于产物线上，如图 4.32 所示。

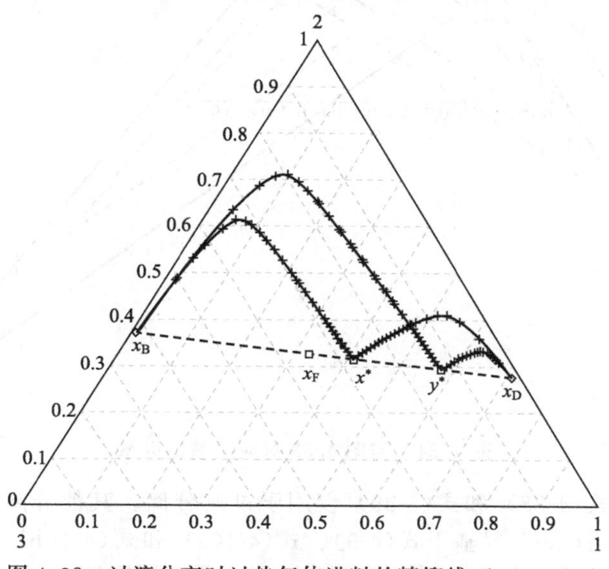

图 4.32 过渡分离时过热气体进料的精馏线（$q=-0.5$）

在实践中，不可能实现获得纯二元物作为产物的分离，因为这需要两个塔段都无限高，如前所述。因此，所有组分都将存在于两个产品中，至少作为杂质而存在，然而这并不改变分离的基本特性，如图 4.33 和图 4.34 描述的过渡分离。对于 $q=1$ 的过渡分离，可由所选的可行产物和用式(4-38) 和式(4-39) 计算的相平衡组成直接计算极限流率比。

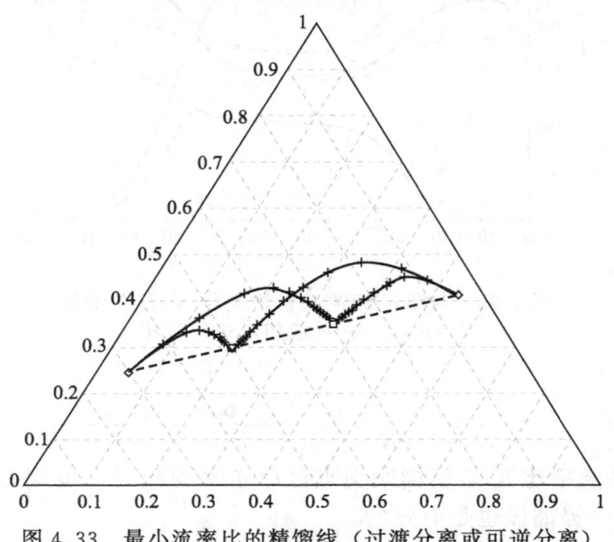

图 4.33 最小流率比的精馏线（过渡分离或可逆分离）

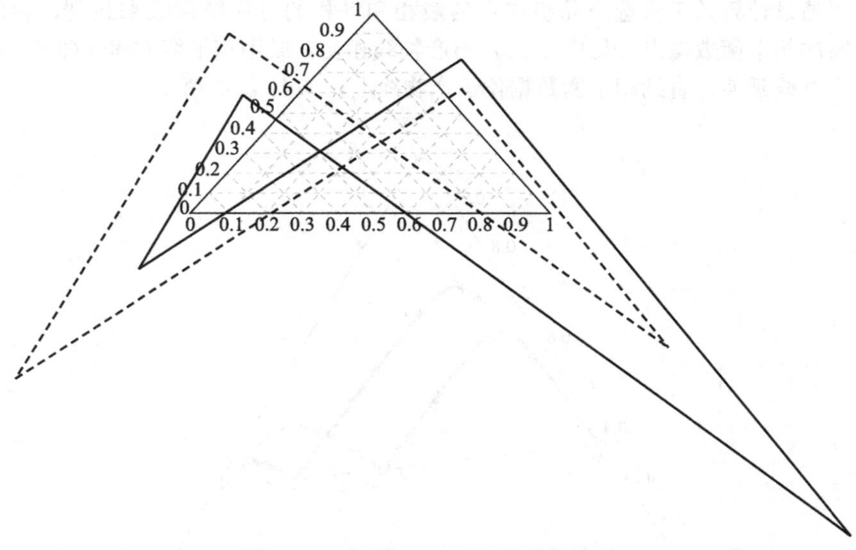

图 4.34 与图 4.33 对应的精馏区域

由于式(4-38) 和式(4-39) 仅用于过渡分离，其他分离的极限流率比须根据 Underwood[10]基于式(4-9)、式(4-10a) 和式(4-10b) 为理想物系导出的通用有效分析方法进行计算，参见 4.1 节中的推导。

对于 $\alpha=[3,2,1]$、$x_{F}=[0.2,0.3,0.5]$、$q=1$ 的三元混合物，式(4-9)有两个根，即 $\Phi=[1.3758,2.5654]$。用式(4-10a) 和式(4-10b) 进行极限流率比 R_{min} 和 S_{max} 的计算取决于分离的种类，以及从可行产品区域（见图 4.25）选择的馏出物和塔底产物的浓度。

在 (1)/(2)-3 直接分离的情况下，最低沸点组分(1) 和中间沸点组分(2) 的相对挥发度值之间的根用于式(4-10a)。对于所选馏出物组成 $x_{D,1}=0.998$、$x_{D,2}=0.001$，底部产物浓度 $x_{B,1}=0.001$、$x_{B,2}=0.3746$ 和 $\Phi=2.5654$ 的直接分离，如上所述，由式(4-10a) 算得最小流率比 $R_{min}=0.853$，提馏段最大流率比 $S_{max}=1.581$。相关的精馏线和精馏区域如图 4.35 和图 4.36 所示。

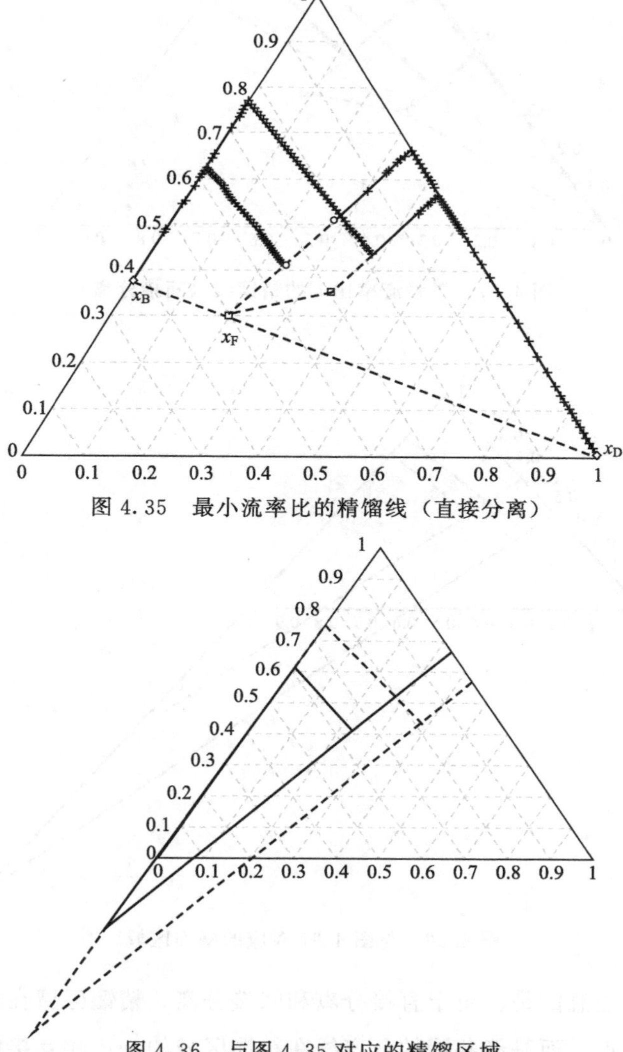

图 4.35 最小流率比的精馏线（直接分离）

图 4.36 与图 4.35 对应的精馏区域

对于1-(2)/(3) 间接分离，用中间沸点组分（2）和最高沸点组分（3）的相对挥发度值之间的根，即 $\Phi=1.3758$。图 4.37 和图 4.38 中采用了以下数据：$x_F=[0.20,0.30,0.50]$、$x_D=[0.90,0.05,0.05]$、$x_W=[0.05,0.35,0.60]$。

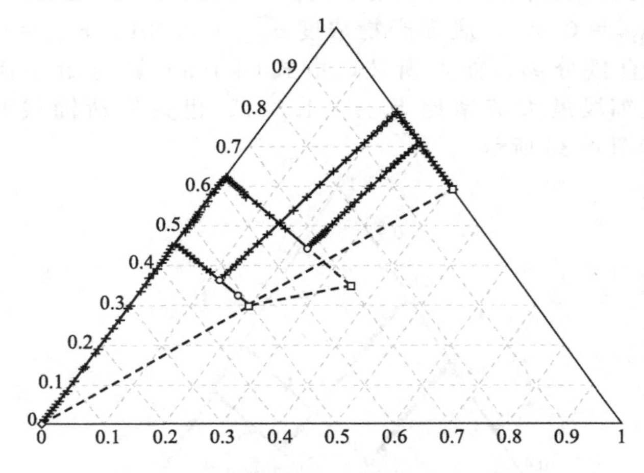

图 4.37 极限流率比下的精馏线（间接分离）

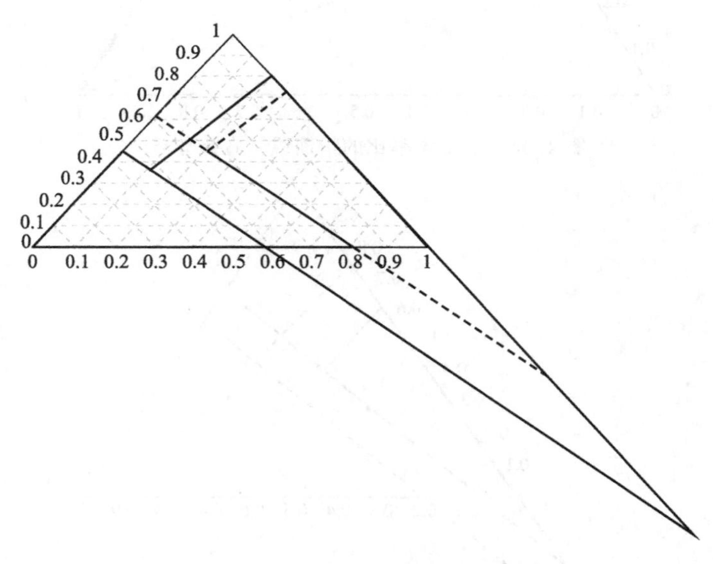

图 4.38 与图 4.37 对应的精馏区域

应该注意的是，对于直接分离和间接分离，精馏区域在进料组成点没有共同的节点，而是经共同的分离线在精馏区域的一边相互接触。

在 (1)-2/2-(3) 过渡分离的情况下，式(4-9) 的两个根中的任意一个均可用于式(4-10a) 和式(4-10b)。

极限流率比也可通过绘制穿过进料组成点和相应相平衡组成的分离线来确定，如图 4.39 所示。然后，通过馏出物 x_{Dd} 与气相分离线（正斜率）的距离和馏出物 x_{Dd} 与液相分离线（正斜率）的距离的比率得出直接分离的极限流率比 R_d。类似地，直接分离的极限流率比 S_d 由底部产品 x_{Bd} 与气相分离线（正斜率）的距离和底部产品 x_{Bd} 与液相分离线（正斜率）的距离的比率给出。在间接分离的情况下，用负斜率的分离线而不是正斜率的分离线来获得极限流率比。

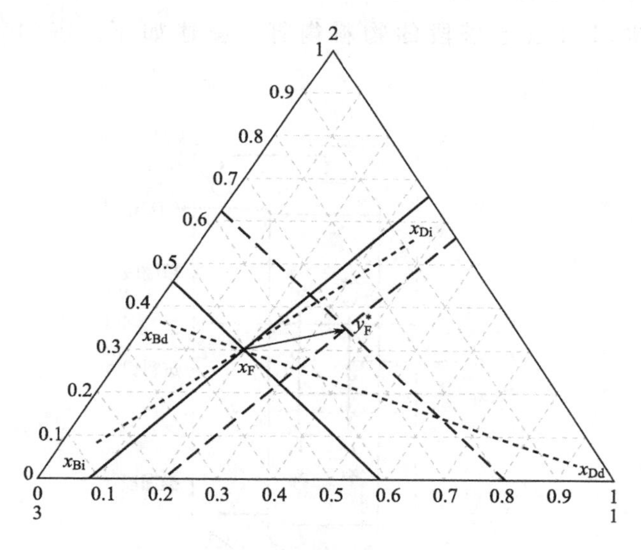

图 4.39 极限流率比

(—— 液相分离线，— — — 气相分离线，------ 产物线)

4.2.5.2 非极限流率比下的精馏

一旦在可行的产品区域内选择了产品组成并确定了极限流率比，就可通过以下方式计算精馏段和提馏段的精馏线。

① 使用理论级概念。

② 求解微分方程式(4-14)。

③ 用 4.2.2 节讨论的微分方程解析解。

由精馏段最小流率比和相应的提馏段最大流率比下的精馏导致无穷大的传质单元数或理论级数，因此最优的流率比，即 $R>R_{min}$ 和 $S<S_{max}$ 必须建

立在某些标准之上，如易操作、进料或产品组成变化的操作弹性、能耗、与现有精馏系统的集成等[17]。

最常见的标准是“总费用最低”，即投资费用和操作费用之和最小。为此目的，增加精馏段的流率比就增加了能耗，因此增加了操作费用，但减少了传质单元数或理论级数，从而减少了投资费用，按此方法调整直至找到最低总费用。

4.2.5.3　最佳进料位置

在给定进料和产品条件以及假定塔段流率比的情况下，确定最佳进料位置的便利程序包括先计算始于产物组成点直至其精馏端点的精馏线，然后采用进料口以上塔段的物料衡算，叙述如下。塔的物料衡算图见图 4.40。

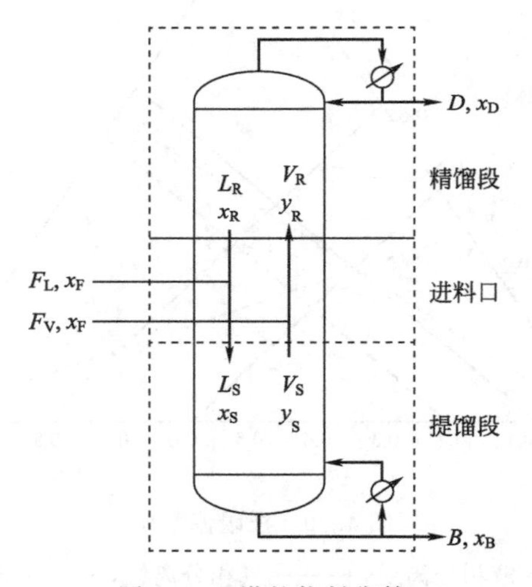

图 4.40　塔的物料衡算

Adiche[37]给出了复杂精馏塔最佳进料位置的数值计算程序。

进料口：

$$F_L = L_S - L_R \tag{4-43}$$

$$F_V = V_R - V_S \tag{4-44}$$

$$F_L x_F = L_S x_S - L_R x_R \tag{4-45}$$

$$F_V y_F = V_R y_R - V_S y_S \tag{4-46}$$

精馏段：

$$D x_D + L_R x_R = V_R y_R \tag{4-47}$$

提馏段：

$$Bx_B+V_Sy_S=L_Sx_S \tag{4-48}$$

（1）进料是饱和液体（$q=1$）

对于饱和液体进料，精馏段和提馏段的气相浓度分布在 $y_R=y_S$ 位置处相交。从馏出物组成 x_D 点画一条线通过该交点，该线将与精馏段的液相浓度分布线相交于组成 x_R 处，该线代表精馏段的物料衡算［式(4-47)］。类似地，从底部产物组成 x_B 点画一条线通过 $y_R=y_S$ 交点，该线将在组成 x_S 处与提馏段的液相精馏线相交，如图 4.41 所示。

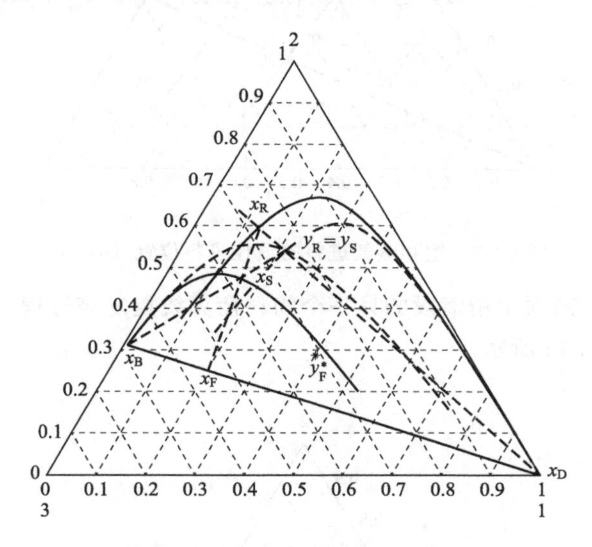

图 4.41 饱和液体进料的最佳进料位置（$q=1$）

（2）进料是饱和蒸气（$q=0$）

对于饱和蒸气进料，精馏段和提馏段的液相浓度分布线在 $x_S=x_R$ 位置相交。从底部产物组成 x_B 点画出一条线通过该交点，该线将在组成 y_S 处与精馏段的气相浓度分布线相交，该线代表提馏段的物料衡算［式(4-48)］。

馏出物 x_D 点与 $x_S=x_R$ 位置的连接线与精馏段的气相精馏线相交，在进料位置得到浓度 y_R，如图 4.42 所示。

（3）两相混合物进料（$0<q<1$）

对于这种情况，只能通过迭代找到最佳进料位置。假定的精馏段物料衡算线［式(4-47)］与气相精馏线组分 y_R 处和液体精馏线组分 x_R 处相交。将该组成点与液体进料组成点 x_F 相连，得到与提馏段液相精馏线组成 x_S 的交点，对应于混合式(4-45)。从底部产物组成 x_B 点画一条物料衡算线经过组成 x_S 与提馏段气相精馏线在组成 y_S 处相交。闭合条件要求组成 y_S 须位于混合线［式(4-46)］上，该线连接组成 y_R 与进料气相组成 y_F。如果该条件

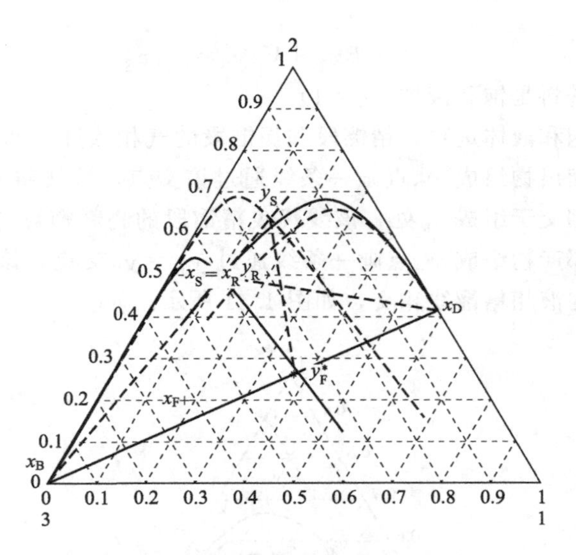

图 4.42 饱和蒸气进料的最佳进料位置（$q=0$）

没能满足，则须用精馏段的另一个物料衡算线重复该过程，直到满足闭合条件，如图 4.43 所示。

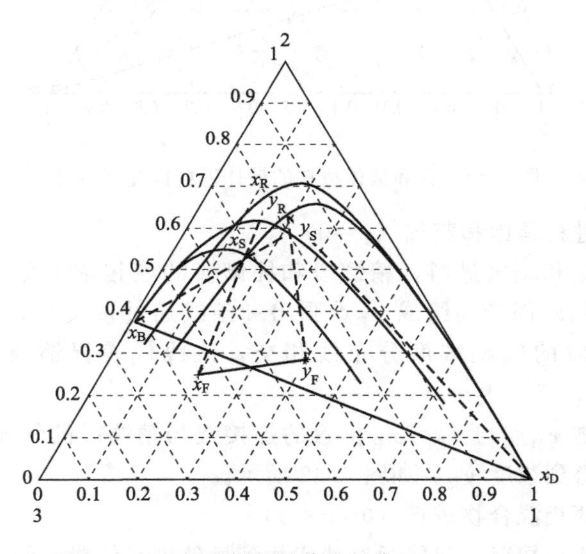

图 4.43 两相进料的最佳进料位置（$q=0.5$）

进入和离开进料位置的流率组成的分析确定如下，依据式(4-45)～式(4-48) 写出所有组分，求解方程组未知组成向量$|\boldsymbol{x}_R, \boldsymbol{y}_R, \boldsymbol{x}_S, \boldsymbol{y}_S|$的结果。该程序也适用于有多股进料和侧线抽料的、任何分离形式的精馏塔[37]。

应当注意的是，最佳进料位置与所用的传质模型有关。

4.2.6 精馏的基本方程

可逆精馏的重要特性：

① 可逆精馏线完全取决于待分离混合物的热力学性质；

② 可逆精馏为任何精馏过程提供可能的最小能量；

③ 所有其他精馏过程或精馏概念都是可逆精馏方程的变换；

④ 可逆精馏方程采取可能的最简单数学形式。

建议将可逆精馏方程变换成“精馏的基本方程”形式[14]

$$(\varepsilon_i-\varepsilon_j)\Xi_k+(\varepsilon_j-\varepsilon_k)\Xi_i+(\varepsilon_k-\varepsilon_i)\Xi_j=0 \tag{4-49}$$

对于可逆精馏，比较式(4-49) 与式(4-36) 得到

$$\varepsilon=\alpha,\quad \Xi=\frac{x_0}{x} \tag{4-50}$$

对于简单蒸馏和全回流下的精馏，阻力全部在气相的极限情况下由式(4-20) 得到

$$k=\infty,\quad \varepsilon=\alpha,\quad \Xi=\ln\frac{x_0}{x} \tag{4-51}$$

以及阻力全部在液相的极限情况

$$k=0,\quad \varepsilon=1/\alpha,\quad \Xi=\ln\frac{x_0}{x} \tag{4-52}$$

而根据理论级概念两相传质阻力相等的精馏线

$$k=1,\quad \varepsilon=\ln\alpha,\quad \Xi=\ln\frac{x_0}{x} \tag{4-53}$$

4.2.6.1 精馏线函数

因式(4-14) 是精确的微分方程（见附录 1），上面给出的解 [式(4-16)] 也可在图 4.44 向量场基础上解释为“精馏线函数”，类似于流体动力学中的“流函数”。精馏线函数定义精馏线，其方式与流线是流函数的解相同。三角形的边是精馏线函数的分离线，类似流函数流动中流体不可流过的壁面，而不稳定节点和稳定节点可分别看作是流线的源和汇。

4.2.6.2 精馏的势函数

势函数的向量场是精馏线函数的正交向量场，如图 4.44 所示。

三元势函数的解析解是

$$P=\left[(\alpha_i-\alpha_j)\left(\frac{x_j}{x_i}\right)^2+(\alpha_i-\alpha_k)\left(\frac{x_k}{x_i}\right)^2\right]\times 0.5 \tag{4-16a}$$

依据式(4-16a) 计算的对应于图 4.44 的等势线如图 4.44a 所示。

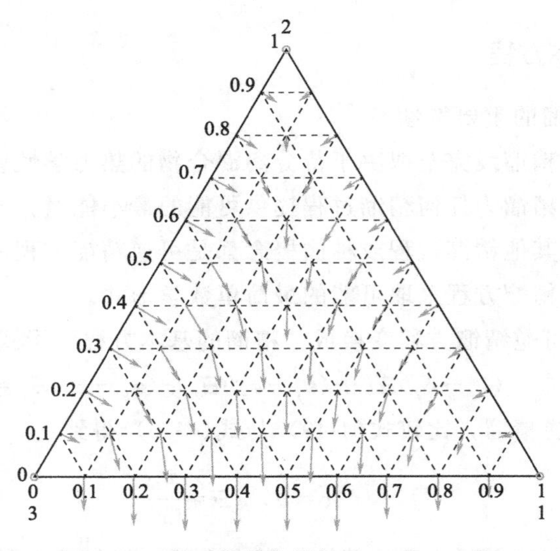

图 4.44 势函数的向量场（$\alpha=[3,2,1]$）

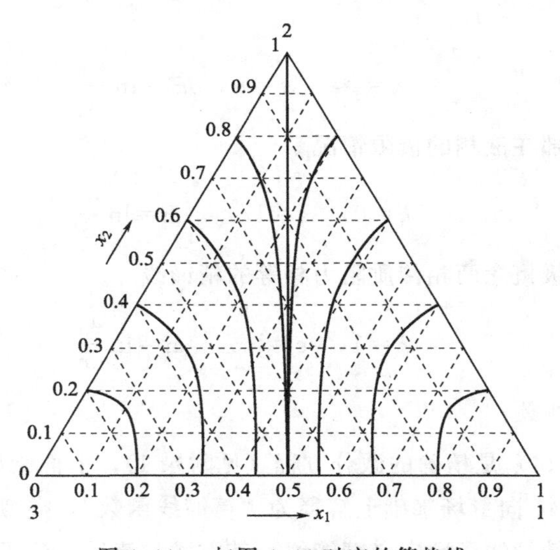

图 4.44a 与图 4.44 对应的等势线

4.3 四元混合物

4.3.1 精馏线

四元混合物的精馏线可用两个式(4-16) 计算，以摩尔比 X_{14} 作自变量，

X_{24}、X_{34}作因变量。此时，精馏线在四面体内运行，全回流的精馏线如图 4.45 所示，部分回流的精馏线见图 4.46。

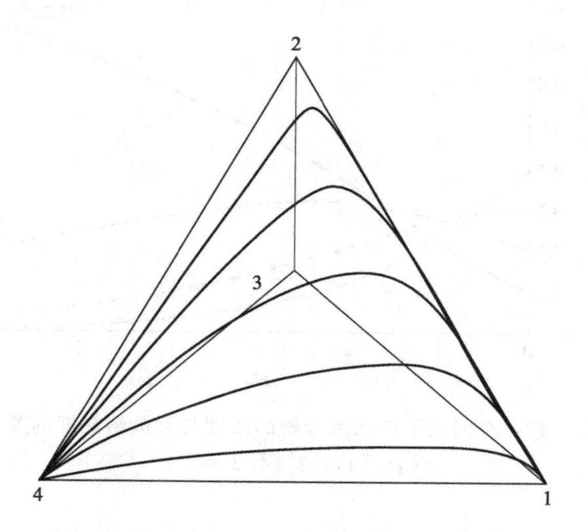

图 4.45　全回流下四元理想混合物的精馏线

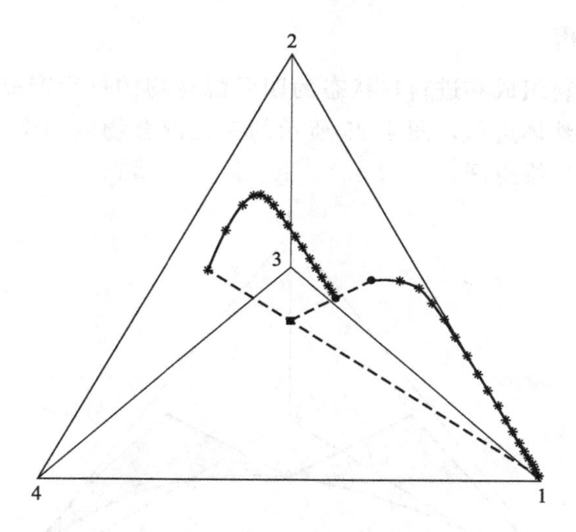

图 4.46　甲醇（1）、乙醇（2）、正丙醇（3）和异丁醇（4）混合物的液相组成分布（部分回流，理论级模型）

显然，与三元混合物的精馏线相比，图 4.45 和图 4.46 中的精馏线并无本质的差异。

因以多面体形式描述多组分物系的精馏线减少了信息，因此优先使用图 4.47 中给出的以传质单元数为自变量的浓度分布函数来表示三个以上组分的物系。

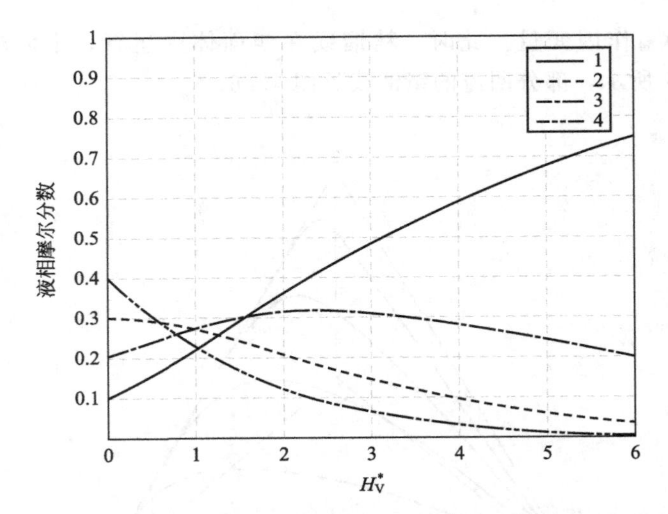

图 4.47 全回流下四元混合物的浓度与无量纲高度的关系
($\alpha=[4,3,2,1]$, $k=\infty$)

4.3.2 产品区域

4.3.2.1 可逆精馏

给定进料组成和进料热状态的四元混合物的可行产品区域如图 4.48 所示，为饱和液体进料，图 4.25 所示的三元混合物的两个一维可行区域必然延伸到两个二维空间。

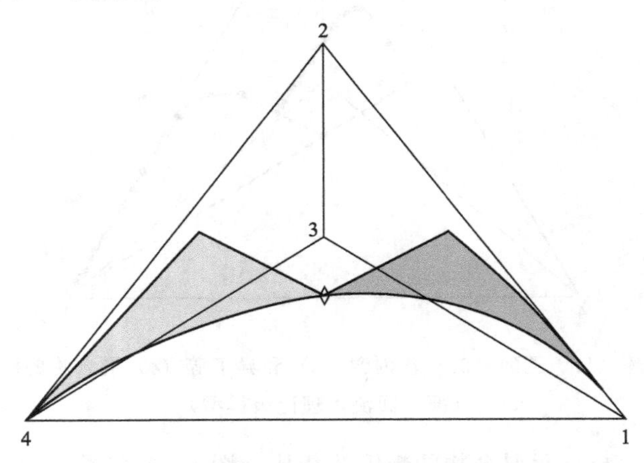

图 4.48 可逆精馏的可行产品区域 ($q=1$)

4.3.2.2 绝热精馏

(1) 可行的产品区域

绝热精馏的可行产品区域如图 4.49 所示，它在四面体内由曲面围成的空间组成，馏出物区域是曲面 $x_F \to x_{123} \to$ DL(精馏线)$\to 1 \to$ DL$\to x_F$，$x_F \to x_{123} \to x_{12} \to x_F$，$x_F \to x_{12} \to 1 \to$ DL$\to x_F$ 和 $x_{123} \to$ DL$\to 1 \to x_{12} \to x_{123}$ 围成的空间，底部产品相应的区域是曲面 $x_F \to x_{234} \to$ DL$\to 4 \to$ DL$\to x_F$，$x_F \to x_{234} \to x_{34} \to x_F$，$x_F \to x_{34} \to 4 \to$ DL$\to x_F$ 和 $x_{234} \to 4 \to$ DL$\to x_{234}$ 围成的空间。应当注意，曲线 $1 \to x_F$ 和 $x_F \to 4$ 是始于进料组成的三维可逆精馏线，而曲线 $x_{123} \to 1$ 和 $x_{234} \to 4$ 分别是属于三元混合物 x_{123} 和 x_{234} 的二维可逆精馏线。

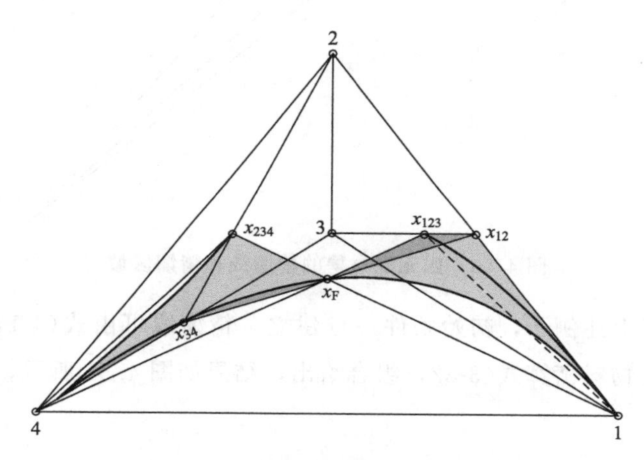

图 4.49 饱和液体进料的可行产品区域

(x_F=[0.25,0.25,0.25,0.25]，α=[4,3,2,1])

点 x_{123} 和 x_{234} 由始于顶点 1 和 2 的直线给出，通过进料组成点并与四面体的1-2-3 面和 2-3-4 面相交，分别对应于进料 x_F 的精馏分离 1/234 和 4/123。类似地，点 x_{12} 和 x_{34} 分别是进料 x_{123} 的精馏分离 $3/x_{12}$ 的产物和进料 x_{234} 的精馏分离 $2/x_{34}$ 的产物。

(2) 极限流率比

Underwood 法提供了一种确定理想混合物极限流率比的便捷方法，如下例所述。对于给定的饱和液体进料（$q=1$）和进料组成 x_F=[0.25,0.25,0.25,0.25]，由式(4-9) 算得特征值 Φ=[3.4908,2.3278,1.1814]。对于可行产物组成 x_D=[0.49,0.33,0.17,0.01] 和 $x_B(1)=0.01$ 的过渡分离 1-(2)/(3)-4，式(4-10a) 和式(4-10c) 可分别算得精馏段最小流率比 $R_{\min}$=0.375 和提馏段最大流率比 $S_{\max}$=1.625。在用式(3-40) 确定节点后，精馏区域和精馏线可按第 3 章和 4.4 节的说明计算，结果如图 4.50 所示。

由于图 4.50 中给出的解比较混乱，并且从实际角度看，精馏区域给出的信息不是本质的。因此，数值计算精馏线和（或）浓度分布（x，y）可以更方便地表示为传质单元数（NTU）或理论级数（NTS）的函数。

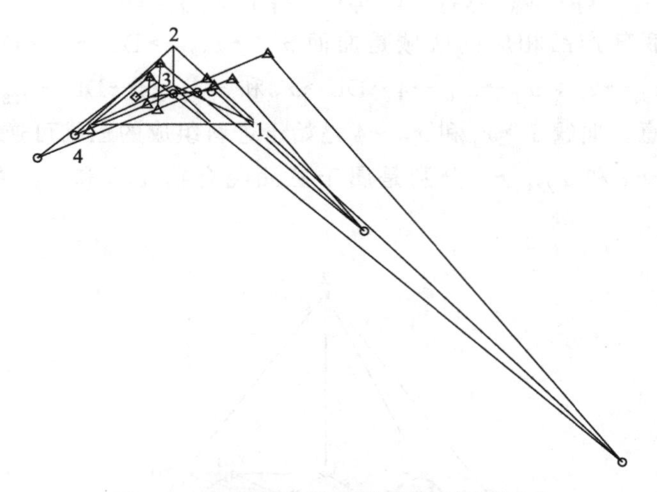

图 4.50　四元混合物的精馏线和精馏区域

对于上述例子，初始条件一旦建立，精馏线可由式(4-14) 两个方程组和相应的物料衡算式(3-32) 组合给出，结果如图 4.51 所示。

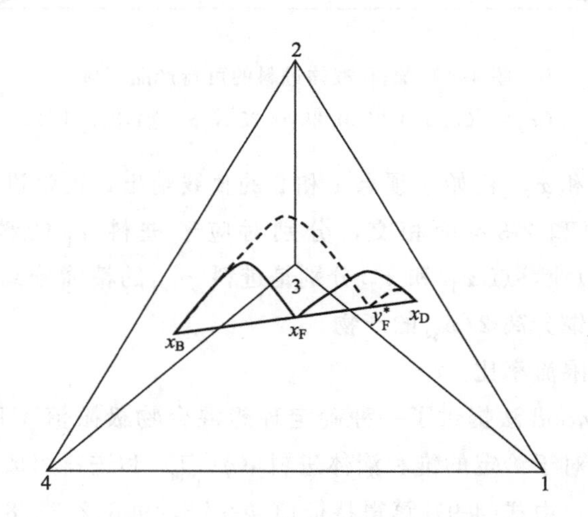

图 4.51　极限流率比下的浓度曲线

（$q=1$，——液相精馏线，---气相精馏线）

类似地，由式(3-22) 两个方程组与相应的物料衡算式(3-32) 结合，且考虑传质阻力之比的影响，可得到浓度对传递单元数或理论级数的分布曲线。浓度对传质单元数的分布曲线如图 4.52 所示。

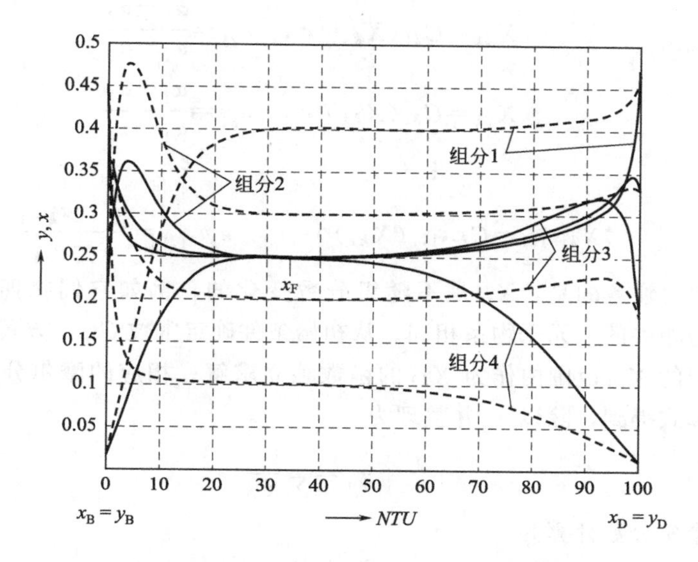

图 4.52 极限流率比下浓度对传质单元数的分布曲线
（$q=1$，—— 液相精馏线，----- 气相精馏线）

4.4 多组分混合物

有任意 c 个组分的理想混合物的精馏采用与理想三元混合物相同的精馏方程描述，而所有这些方程都是向量方程。实践中，建议按沸点升高的顺序对组分进行排列，最低沸点组分为 $i=1$，中沸点组分为 $j=2,3,\cdots,c-1$，最高沸点组分为$k=c$。

对于全回流 $L/V=1$，$(c-1)$ 组式(4-54)～式(4-56) 的每个方程式可独立求解为 $x_k x_1^{-1}$ 的函数，该函数可大大简化多组分混合物浓度分布的计算。它还表明多组分混合物可以被看作是文献 [13]、文献 [14] 和文献 [27] 中讨论的相关三元混合物的叠加。然而，几何表示将变得相当复杂，精馏线的进程最好表示为传质单元数或理论级数的函数[17]。

对于流率比 $L/V\neq1$，多组分理想混合物的精馏区域可通过上述三元理想物系变换过程的逻辑延伸获得，如文献 [13] 中详细说明的那样。

4.4.1 全回流下的精馏

对于 k 个组分的混合物，有 $(k-2)$ 个中间沸点组分，因此有 $(k-2)$ 个式(4-19)

$$X_{21}=C_{21}(X_{k1})^{e_{21}}, \quad e_{21}=\frac{\alpha_1-\alpha_2}{\alpha_1-\alpha_k}$$

$$X_{31}=C_{31}(X_{k1})^{e_{31}}, \quad e_{31}=\frac{\alpha_1-\alpha_3}{\alpha_1-\alpha_k} \tag{4-54}$$

$$\vdots \qquad\qquad \vdots$$

$$X_{k-1,1}=C_{k-1,1}(X_{k1})^{e_{k-1,1}}, \quad e_{k-1,1}=\frac{\alpha_1-\alpha_{k-1}}{\alpha_1-\alpha_k}$$

值得注意的是，X_{ij} 是不随组分数变化的。例如它们在四元物系中的值，与相关的三元子物系相同。从初始条件确定常数 C_{ij}，方程组(4-54) 可在期望的 X_{k1} 范围内作为 X_{k1} 的函数独立求解。相应的摩尔分数 x_i 可由物料衡算式得到，除以 x_1 并整理为

$$x_1=\frac{1}{\sum X_{ji}} \tag{4-55}$$

其他摩尔分数计算为

$$x_i=X_{ji}x_1 \tag{4-56}$$

对于阻力仅在气相的情况，浓度分布作为传质单元数的函数可用式(4-57) 计算。

$$(NTU)_V=\ln c_{ik}-\ln x_i+\frac{\alpha_{ik}}{\alpha_{ik}-1}\ln X_{ik} \tag{4-57}$$

对于阻力仅在液相的情况或理论级概念，浓度曲线的计算方法与阻力仅在气相的情况类似（见第 3 章）。

全回流下多组分混合物的精馏区域原则上由不规则多面体表示，多面体的框架由二元混合物和纯组分为顶点构成。多面体的外表面由代表总混合物的三元混合物三角形组成。所有可能的精馏线都包含在多面体内，包括了从最高沸点到最低沸点组分的范围。

例如，图 4.53 显示了七元混合物的精馏区域，以便更清楚显示，其形式为不规则七顶角体。七顶角体包括第一类的点状线分离线、第二类的实线分离线和第三类的虚线分离线。组分 1、2、6 和 7 位于一个平面中，而组分 3、4 和 5 在平面上方伸出的空间中。基本的三元子物系是 1-2-7、1-3-7、1-4-7、1-5-7 和 1-6-7，每个子物系由混合物的最低和最高沸点组分以及一个中间沸点组分组成。实际上，图 4.53 中的六维精馏线作为 1-2-6-7 平面上的投影给出。精馏线起始于代表最高沸点组分 7 的点，在代表最低沸点组分 1 的点结束。

如上所述，高维度精馏线更实际的表达是将浓度分布图绘制成传质单元数或理论级数的函数，图 4.54 所示为在全回流下上述七元混合物的浓度分布。计算采用与上面第 3 章所述相同的步骤，使用式(4-54) 的 5 个方程式，分别与填料塔方程式(4-57) 和理论级塔方程式(3-29) 相结合。

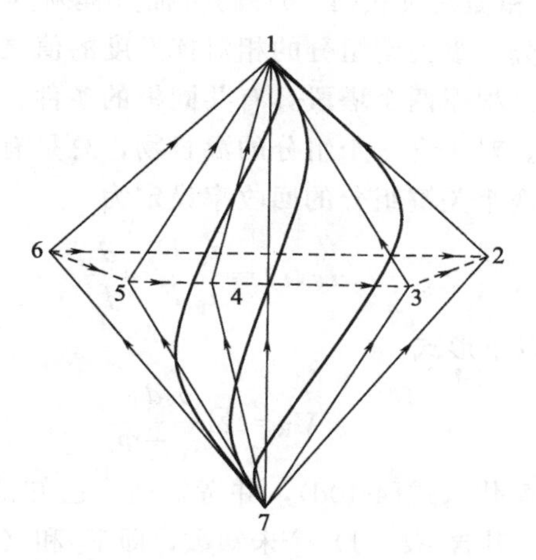

图 4.53 七元混合物的精馏区域

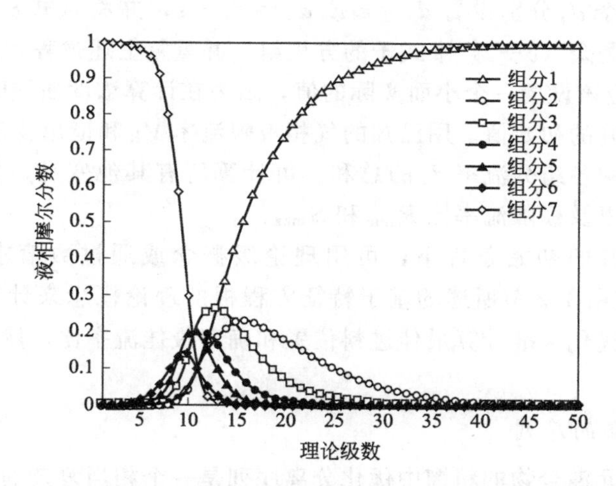

图 4.54 七元混合物在全回流下的浓度与理论级数的关系曲线

4.4.2 部分回流下的精馏

在部分回流时，精馏在两个部分重合的多面体中进行，一个用于精馏段，一个用于提馏段，多组分精馏的设计计算原则上采用与第 3 章和第 4 章中所述的三元或四元混合物精馏相同的步骤。然而，因难以从多维可行的精馏区域获得产品组成，根据 Underwood 方程计算极限流率，所以，Shiras 等人[38]提出的迭代计算方法是计算可行产品组成更方便的方法。

计算多组分精馏浓度曲线的基本方法见附录 2，以五元混合物为例。

4.4.2.1 产品组成

Shiras 等人的步骤是基于 Underwood[9,10]的研究结果，在极限流率下精馏段式(4-4a) 和提馏段式(4-4b) 的特征方程须具有共同的根 Φ，该根的数值在轻关键组分、重关键组分的相对挥发度的值之间，且该根限定了待分离混合物的分离。根据两个塔段具有共同根的条件，给定进料由式(4-9) 可算出所有的根 Φ。对于含 c 个组分的混合物，总是有（$c-1$）个根。

将馏出物中两个关键组分的回收率设定为

$$rec(i)=\frac{x_{\mathrm{D}i}D}{x_{\mathrm{F}i}F}=\frac{d_i}{f_i} \tag{4-58}$$

式(4-10a) 采用以下形式

$$V_{\mathrm{R}}=\sum\frac{\alpha_i d_i}{\alpha_i-\Phi} \tag{4-10d}$$

将（$c-1$）个根 Φ 代入式(4-10d)，并考虑两个已知的 d_i 值，得到有（$c-1$）个式子的方程组，其含（$c-1$）个未知数，即 V_{R} 和（$c-2$）个 d_i 值。

如果（$c-1$）个式(4-10d) 方程组的解包含不实际的值 $d_i<0$ 或 $d_i>f_i$，对这个 d_i 分别设置 $d_i=\varepsilon$ 或 $d_i=f_i-\varepsilon$，并将该式从方程组中删除。然后求解剩余（$c-2$）个式子的方程组，并重复上述过程，直到获得所有未知数。ε 应该设置一个小而实际的值，因为在计算浓度曲线时，$\varepsilon=0$ 可能会导致不正确的初始值。用已知的气相极限流率 V_{R} 和馏出物流率 D，其中 D 为馏出物中各组分流率 d_i 的总和，可计算所有其他变量，如底部产物的流率和组成以及极限流率比 $R_{\min}$ 和 $S_{\max}$。

在已知的初始条件下，可用理论级概念或通过数值求解微分方程式(4-15) 或用 4.2 节所述的基于特征方程根的理论概念来计算浓度分布。采用合适的优化标准计算最佳进料位置和确定最佳流率比，然后确定精馏塔的设计。

4.4.2.2 精馏塔的序列

在多元混合物的精馏中优化分离序列是一个相当复杂的问题，现已开发出复杂的方法来寻找最佳序列[18]。

如果精馏过程在可逆条件下操作，即在精馏塔的任何横截面中液相和气相的浓度处于相平衡状态，则任何精馏过程所需的能耗最小[28]。可逆精馏中的可行产物组成受限于与进料组成相平衡向量一致的物料衡算线，其限制由该线与精馏区域边界的交点给出，如图 4.25 所示。即只有重关键组分和相对挥发度大于重关键组分相对挥发度的所有组分才会出现在塔顶馏出物中，只有轻关键组分和相对挥发度低于轻关键组分相对挥发度的所有组分才会出现在底部产品中。这样，可以从物料衡算线与精馏区域极限的交点算出产物的组成。

图 4.55 给出了四元混合物能耗优化精馏序列的实例，其中极限流率比列于表 4.1 中，表 4.2 中列出了各种馏出物和塔底产物的组成。

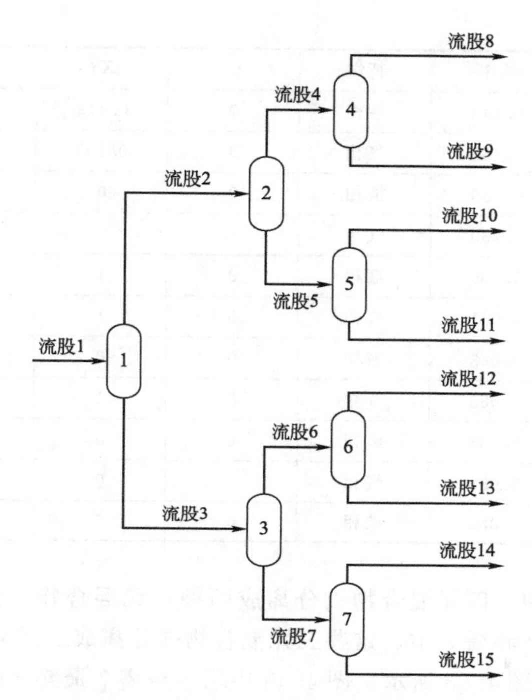

图 4.55 分离四元混合物的精馏序列（数据见表 4.2）

表 4.1 与图 4.55 对应的极限流率比

塔	最小回流比	最大再沸比
1	0.40	1.60
2	0.65	1.27
3	0.60	1.80
4	0.83	1.10
5	0.65	1.27
6	0.83	1.25
7	0.80	1.60

表 4.2 与图 4.55 对应的流股数据

流股	流率	特性	X_1	X_2	X_3	X_4
1	1	液相	0.250	0.250	0.250	0.250
2	0.50	气相	0.500	0.333	0.167	0
3	0.50	液相	0	0.167	0.333	0.500
4	0.356	气相	0.700	0.300	0	0

续表

流股	流率	特性	X_1	X_2	X_3	X_4
5	0.144	液相	0	0.419	0.581	0
6	0.166	气相	0	0.500	0.500	0
7	0.333	液相	0	0	0.250	0.750
8	0.250	气相	1	0	0	0
9	0.106	液相	0	1	0	0
10	0.061	气相	0	1	0	0
11	0.083	液相	0	0	1	0
12	0.083	气相	0	1	0	0
13	0.083	液相	0	0	1	0
14	0.083	气相	0	0	1	0
15	0.250	液相	0	0	0	1

在塔 1 中，四元混合物被分离成两种三元混合物，如图 4.56 所示。在接下来的塔 2 和塔 3 中，这些三元混合物被分离成二元混合物，精馏线分别如图 4.57 和图 4.58 所示。图 4.55 中塔 4 至塔 7 最终产生纯组分 1 至 4（流股 8 至 15）。

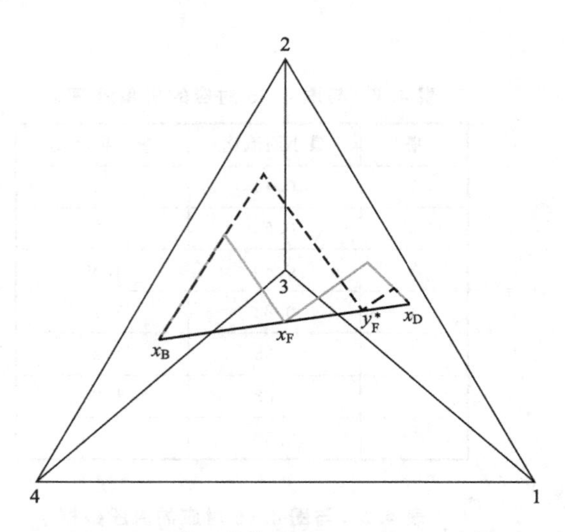

图 4.56 塔 1 的精馏线（$\alpha=[4,3,2,1]$）

由于可逆精馏过程需要无限高的塔，因此不能在工业上实施，而是仅用作精馏过程所需最小能耗的参考过程。

在实践中，存在不同可行精馏序列，如连续分离混合物的最低或最高沸点组分，对于 nc 个组分的混合物需要（$nc-1$）个塔。另一种可能性是将四元混合物分开，例如分成含有两种最低沸点组分的馏出物和含有两种最高沸点组分的底部产物，随后将两种二元混合物分离成纯组分，这还是需要($nc-1$)个塔。

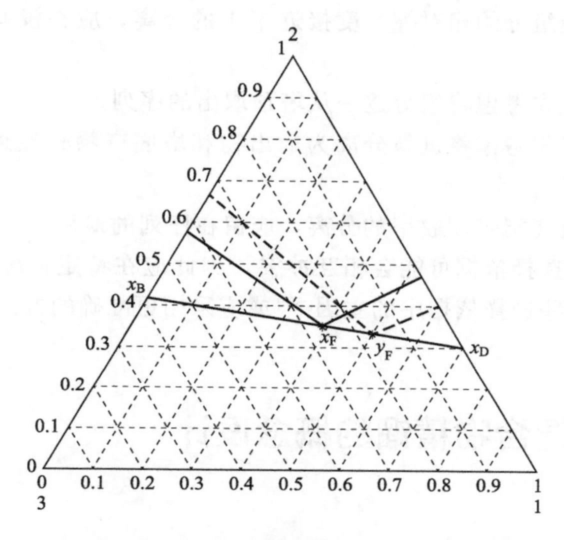

图 4.57 塔 2 的精馏线 ($\alpha=[4,3,2]$)

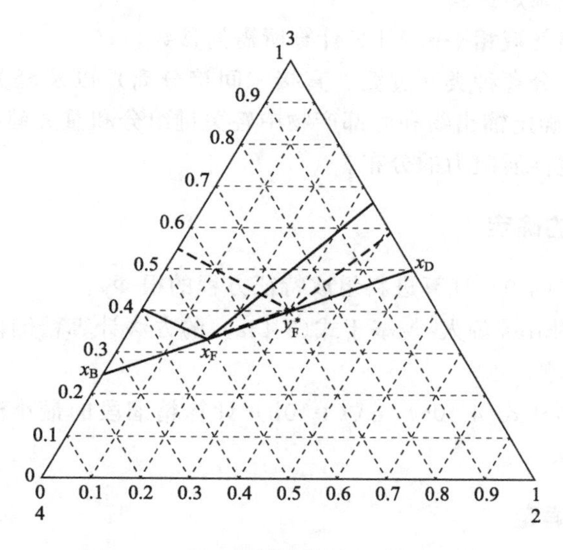

图 4.58 塔 3 的精馏线 ($\alpha=[3,2,1]$)

这种可行的分离序列的数目为

$$Ss=\frac{[2(nc-1)]!}{(nc-1)!\ nc!} \tag{4-59}$$

尽管对于四元混合物有五种可行的分离序列，但八元混合物的可行分离序列已增加至429种。

为了处理这种以指数形式增长的分离序列，开发了启发式研究的规则。例如，Heaven[56]基于能耗考虑，确定了四种一般序列选择依据：

① 关键组分的相对挥发度接近于1的分离，应在没有非关键组分的情况下进行。

② 应优先考虑将组分逐一从塔顶取出的序列。

③ 应优先考虑将进料分离为馏出物和塔底产物较接近相等摩尔流率的分离。

④ 涉及高指定回收率的分离，应留在序列的最后。

因上述选择依据可能会相互冲突，因此应在特定情况下检查几个序列，以便找到这些选择依据中的主因[37]或应采用更准确的方法[18]。

4.5 多组分混合物精馏的概念设计

4.5.1 初始条件

① 完全确定进料。

② 收集气液相平衡VLE计算所需的参数。

③ 确定分离种类（过渡、直接、间接分离）以及轻关键组分和重关键组分。分别确定馏出物和底部产物中轻关键组分和重关键组分的回收率。

④ 确定传质阻力的分布。

4.5.2 产品流率的确定

① 由式(4-9)计算进料组成特征方程的根Φ_F。

② 用Shiras等人[38]基于式(3-43a)的方法计算精馏段中气相流率和未知的产物流率。

③ 分别从式(4-10a)、式(4-10b)计算精馏段的最小流率比和提馏段的最大流率比。

4.5.3 精馏线的确定

(1) 微分方程的数值解

由已知的产物组成，并根据所选择的传质阻力分布应用微分方程组(4-14)，计算任何流率比下精馏线与传质单元数或理论级数的函数关系。最佳进料位置取决于由传质单元数或理论级数对回流比L/D计算得到的总费用优化[17]。

（2）基于微分方程代数解的精馏区域和精馏线

用上述讨论的已知产品组成和极限流率比，由式(3-43a) 算得精馏区域的特征值（相对挥发度），用变换矩阵（4-33）确定应用于式(4-34) 的节点组成。从式(4-35) 算得变换坐标系中精馏线的组成与传质单元数或理论级数的关系，由逆矩阵(4-33) 得到精馏线的摩尔分数。

5 实际混合物的精馏

实际混合物的气液相平衡可通过在拉乌尔定律中引入校正项来计算，即所谓的活度系数，然而，如果压力相对于组分临界压力而言适中，则气相仍可按理想气体处理，大多数蒸馏问题是这种情况。作为该校正的结果，混合物的相对挥发度不再是恒定的，而是组分浓度的函数。所有相对挥发度大于或小于1的混合物称为非共沸混合物，而一个或多个相对挥发度等于1的混合物被称为共沸混合物。

非共沸混合物在性质上与理想混合物一样，但由于相对挥发度是组分浓度的函数，因此必须用数值方法求解设计方程式。然而，原则上，任何非共沸物系都可与有恒定相对挥发度的理想二元物系至少定性地近似[15,16]，近似的质量取决于计算理想二元物系恒定相对挥发度时所使用的信息。

（1）二元混合物相对挥发度的最简单近似是基于纯组分的蒸气压，即二元混合物的组分 i 和 k 的相对挥发度是

$$\alpha_{ik}=\frac{p_i^0}{p_k^0} \tag{5-1}$$

（2）通过定义“校正的蒸气压”获得更好的近似值

$$\overline{p_i^0(x_i=0,\theta_i)}=\gamma_i^{\infty}p_i^0(\theta_i) \tag{5-2}$$

$$\overline{p_i^0(x_i=1,\theta_i)}=p_i^0(\theta_i) \tag{5-3}$$

取 $x_i=1$ 和 $x_i=0$ 处校正蒸气压比率的几何平均值，结果是

$$\alpha_{ij}=\left[\frac{\gamma_i^{\infty}p_i^0(\theta_j)p_i^0(\theta_i)}{p_j^0(\theta_j)\gamma_j^{\infty}p_j^0(\theta_i)}\right]^{0.5} \tag{5-4}$$

（3）另一种方法是计算二元混合物在不同组成下的实际相对挥发度，并使用适当的平均程序，用恒定的相对挥发度确定实际相对挥发度的最佳近似值。

传质系数比对实际精馏线的影响，可先通过式(3-19) 求解气-液界面的组成，随后对式(3-22) 进行数值积分来计算。

实际非共沸混合物的另一个罕见特征是在精馏线上由于浓度范围内相对

挥发度的排序变化而出现拐点。这种现象对可行产品区域的影响将在共沸混合物章节中讨论。

5.1 非共沸混合物

5.1.1 二元非共沸混合物

焓浓图是实际二元混合物的精确表示，它提供了塔中更接近实际的浓度、温度和流率分布，还提供了有关冷凝器和再沸器的能量需求信息。这个附加信息分别与精馏段横截面上 q 线和物料衡算线的交点，馏出物所给出的差点 dp_D，提馏段横截面上 q 线和物料衡算线的交点以及底部产品所给出的差点 dp_B有关。q 线是与经过进料位置 x_F 的相平衡向量 $|\boldsymbol{x} \rightarrow \boldsymbol{y}^*|$ 延伸一致的线，除非在 q 线的右侧或左侧存在相平衡向量的延伸，分别得到较高或较低焓的差点，且差点与 q 线相关。在这种情况下，极限流率比由最高或最低焓的差点给出。

在焓浓图中，依据式(3-2) 的操作线用直线表示，该直线始于差点并与饱和蒸气和饱和液体曲线相交，如图 5.1 所示，即对于任何流率比 $R > R_{min}$，馏出物和底部产物的差点分别变为较高或较低的焓，并且在 $R=1$ 时变为无穷大。

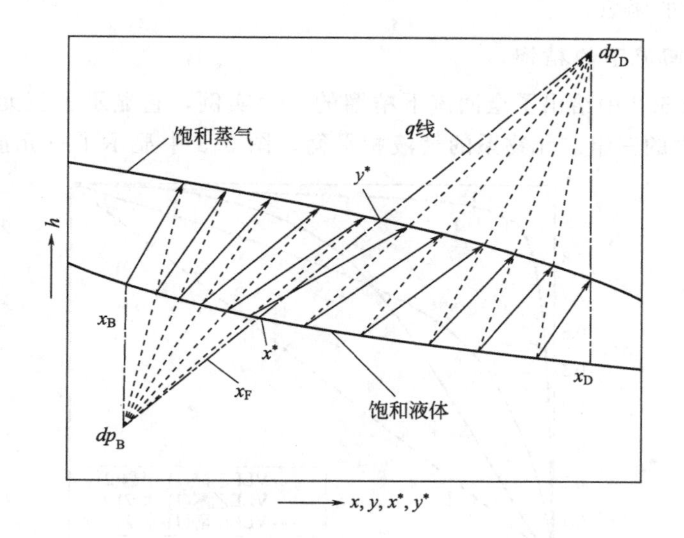

图 5.1 焓浓图

（----- 相平衡向量，—— 物料衡算线，dp 差点[39]，$R=0.63>R_{min}=0.5$）

与 McCabe-Thiele 图中一样，任何流率比 $R_{\min} \leqslant R \leqslant 1$ 下的传质单元数均用式(3-22) 或式(3-23) 以数值方式计算，其中推动力取自焓浓图，塔的高度由 NTU 与 HTU 的乘积计算得出。

理论级数仍然按上述讨论的在 McCabe-Thiele 图中以相同程序计算，如图 4.7 所示。仍然通过经济优化获得最佳流率比和进料的最佳位置。

应该注意的是，依据式(3-2)，对应于图 4.7 的操作线是曲线，因为仅当饱和蒸气线和饱和液体线平行延伸时流率比才是恒定的。任意浓度 x 下的流率比均遵循该塔段内的物料衡算线，即始于该塔段的差点并穿过 x 的饱和液体线和饱和蒸气线的直线。然后，由差点到饱和蒸气线的距离除以同一差点到饱和液体线的距离得到相应的流率比。

从冷凝器中移走的热量和加到再沸器中的热量由相关差点焓（h_{dp_D} 或 h_{dp_B}）与产物焓（h_D 或 h_B）的差乘以相应的流率获得，即

$$Q_c=(h_{dp_D}-h_D)D \tag{5-5}$$

和

$$Q_E=(h_{dp_B}-h_B)B \tag{5-6}$$

在许多情况下，二元气液相平衡可通过恒定相对挥发度的物系来近似，从而允许使用 4.1 节中给出的解析解。

5.1.2 三元非共沸混合物

三元非共沸混合物的精馏设计按照与 4.2 节概述的理想混合物相同的程序计算，只是精馏线须用数值计算。然而，如 3.4.2 节所述，精馏线是传质系数比的函数。

5.1.2.1 全回流下的精馏

图 5.2 中给出了全回流下精馏的一个实例，它显示了三元混合物乙醛-甲醇-水的三组二元物系的气液相平衡，图 5.3 中显示了三元混合物全回流

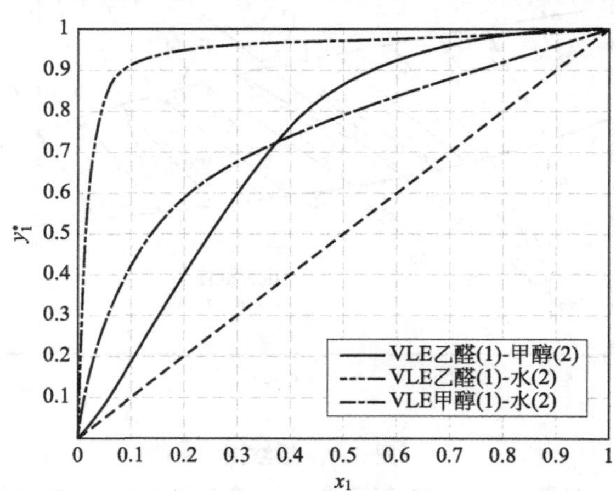

图 5.2　1bar（10^5 Pa）下非共沸混合物乙醛-甲醇-水的三组二元物系的气液相平衡

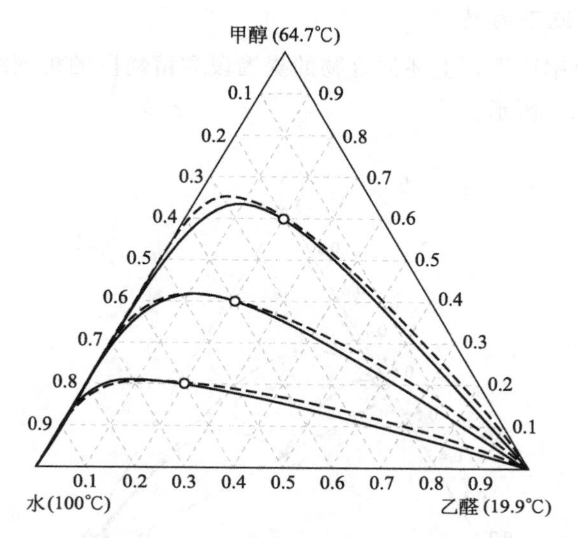

图 5.3　实际精馏线和用恒定相对挥发度计算的精馏线的比较

下的精馏线。图 5.2 中除了乙醛-甲醇二元物系在约 $x_1=0.1$ 处出现拐点外，二元物系的特性几乎与理想物系相似。

图 5.3 还显示了基于平均恒定相对挥发度的精馏线，该平均恒定相对挥发度由表 5.1[20] 中给出的混合物的热力学数据算得，表明理想精馏线和非共沸混合物的精馏线之间基本一致。

表 5.1　三元非共沸混合物乙醛 (1)-甲醇 (2)-水 (3) 的热力学性质

组分 i		1	2	3
1bar 下的沸点/℃		19.9	64.7	100
对应温度下的蒸气压/bar	19.9℃	1	0.13	0.025
	64.7℃	4.39	1	0.24
	100℃	9.16	3.49	1
极限活度系数	γ_{1i}^{∞}	1	0.317	13.1
	γ_{2i}^{∞}	0.425	1	2.38
	γ_{3i}^{∞}	14.2	1.95	1
极限二元相对挥发度	α_{1i}	1	1.40	120
	α_{2i}	0.06	1	8.31
	α_{3i}	0.356	0.47	1
平均二元相对挥发度	α_{1i}	—	4.8	18.7
	α_{2i}	—	—	4.2
三元相对挥发度	α_i	20.2	4.2	1.0

5.1.2.2 部分回流下的精馏

极限流率比下，上述混合物的提馏段和精馏段的精馏线近似为理想混合物，如图 5.4 所示。

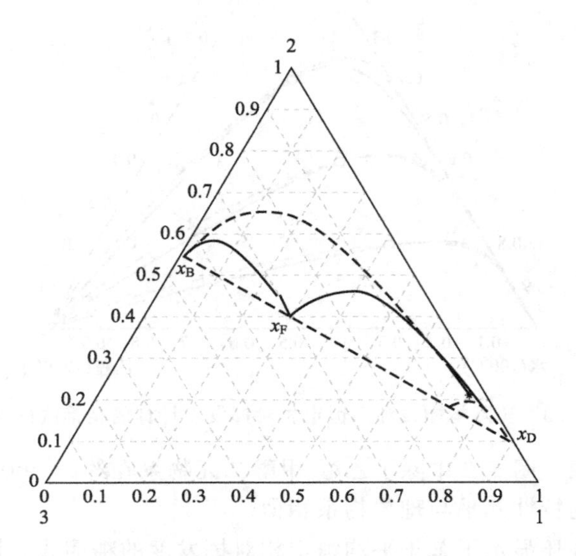

图 5.4 理想化混合物乙醛 (1)-甲醇 (2)-水 (3) 的精馏线

相应的实际混合物精馏线如图 5.5 所示，表明近似精馏线和实际精馏线之间合理地一致。

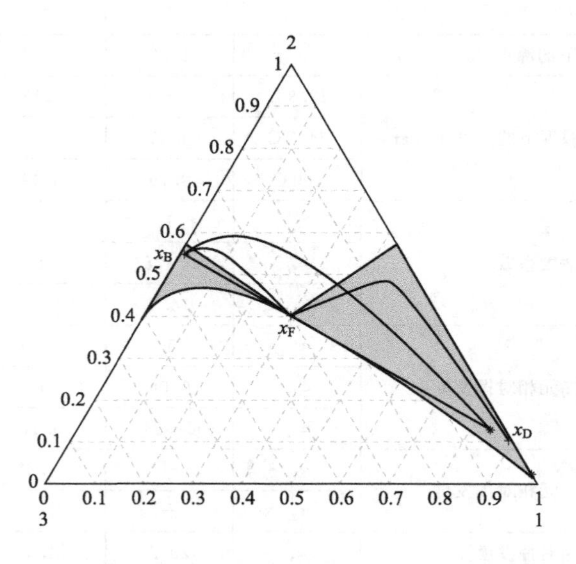

图 5.5 实际非共沸混合物乙醛 (1)-甲醇 (2)-水 (3) 的产品区域和精馏线

5.1.2.3 产品区域和最小流率比

正如在4.2.4节中指出的，产品区域的确定遵循经过进料液体组成点的液相精馏线和经过与进料液体组成相平衡的气相组成点的气相精馏线，极限精馏线属于可行的纯顶部产物和底部产物，如图5.5所示。

一旦产品区域已知，通过试差可获得极限流率比，如开始假设可以清晰分离，即近似为二元产物和极限流率比约为1，随后降低产品的纯度以及改变相应的流率比。可通过假设产品点所处的产品线与进料的相平衡向量一致来获得附加信息，因为可用式(4-2a)和式(4-2b)来确定相应的极限流率比。

5.1.3 多元非共沸混合物

如理想物系情况那样，可以将用于实际三元混合物的精馏设计计算过程扩展到任意组分数的非共沸混合物，通过求解由式(4-14)或式(4-37)所得的方程组，分别计算出精馏线或可逆精馏线，以及可行的产品区域。如上所述，可获得极限流率比。

5.2 共沸混合物

共沸混合物与非共沸混合物不同，每个共沸物在混合物中添加了一个额外的“组分”，因此就精馏而言，除了共沸物是压力和温度的近似函数，也是浓度的函数[27,28]，纯组分精馏和共沸物精馏之间没有差别。因此，z个共沸物将z个“准组分”添加到混合物中。由于这种物系在热力学上是不稳定的，它们会分解成具有多达($c-1+z$)个独立非共沸子物系的混合物[16,40]。

5.2.1 二元共沸混合物

焓浓图还可解决涉及二元共沸混合物的二元精馏问题，考虑到共沸组成是精馏中不能跨越的绝对边界，因此，它表现得像纯组分。

在图5.6中讨论了用McCabe-Thiele图的应用求解，该图显示了乙醇(1)-苯(2)与$x_1=x_{AZ}=0.46$共沸物(3)[20]的相平衡曲线。由于共沸物的存在，二元混合物可看作是两个独立的二元子物系，分别由共沸物(3)和乙醇(1)、共沸物(3)和苯(2)组成。引入新变量ξ和η，如图5.6所示的物系1，两个二元子物系都可被视为理想物系[15,40]。

变换后的二元子物系的极限相对挥发度与位置$x_1=0$、$x_1=x_{AZ}$和$x_1=1$处的平衡线的斜率一致，如图5.6中的虚线所示。

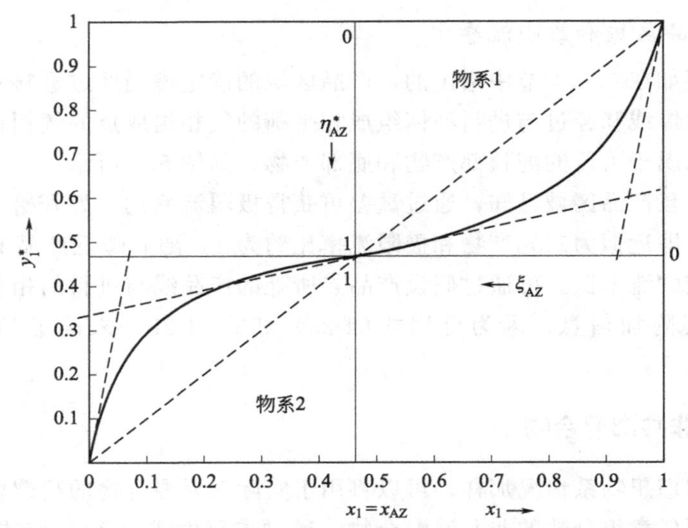

图 5.6 二元混合物乙醇 (1)-苯 (2) 在 1bar 下的相平衡曲线

图解确定的斜率列于表 5.2，取两个极限相对挥发度的几何平均值得到近似恒定的相对挥发度，即

$$\alpha_{AZi} = \sqrt{\alpha_{AZ}\alpha_i} \tag{5-7}$$

表 5.2 二元共沸混合物乙醇 (1)-苯 (2)-共沸物 (3) 的近似恒定相对挥发度

组分 i	1	2	3
组分 i 的极限相对挥发度	6.41	3.85	4.10
平均二元相对挥发度 α_{AZi}	5.13	3.97	—

图 5.7 给出了真实气液相平衡与近似气液相平衡曲线的比较，一致性相当令人满意。

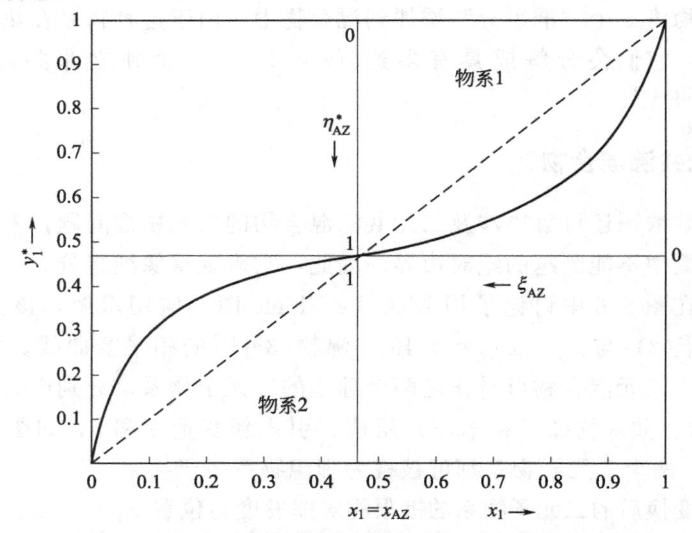

图 5.7 实际气液相平衡和近似气液相平衡曲线的比较

子物系相对挥发度的另一近似值（相当于前面介绍的第三种方法）是根据

$$\alpha_T=\frac{\eta(1-\xi)}{\xi(1-\eta)} \tag{5-8}$$

取子物系相平衡线几个浓度下的相对挥发度，求取平均值得到的（见图5.6中的物系1）。

5.2.2 三元共沸混合物

三元共沸混合物可表现出三种二元共沸物和一种三元共沸物，它们的精馏线的基本特性已经由Konovalov[41]、Reinders等[42]、Van Dongen等[43]、Stichlmair[44,46,47]、Vogelpohl[45]、Wahnschafft等[48]、Laroche等[49]、Fidkowski等[50]、Davydian等[51]、Rooks等[52]、Krolikowski[53]、Danilov等[54]进行了讨论。

Konovalov建立了重要的规则：在恒压下的简单蒸馏中，残余物的温度随时间增加而上升；在恒温下，压力随时间增加而下降。因简单蒸馏和全回流下的精馏遵循相同的数学模型，该规则可确定任何复杂混合物的精馏线的基本特性，例如，如果压力恒定，纯组分和共沸物的沸腾温度是已知的。Konovalov的规则等同于这样的陈述：精馏线始于相对于相邻节点为最低相对挥发度的节点，终于相对于相邻节点为最高相对挥发度的节点。应当指出，在某些情况下，Konovalov的规则给出了不止一种解答[50]。在这种情况下，可用其他信息，如温度场、不可辨区域中某些精馏线的计算或有向图理论[50,52]，来获得正确的解。

5.2.2.1 全回流下的精馏

因共沸物表现得像纯组分，如图5.8所示，丙酮-氯仿-苯混合物为含共沸物的三元混合物，严格来说是一种四组分混合物。为了适应三组分吉布斯三角形，它须分成两个三组分混合物，即丙酮-共沸物-苯和氯仿-共沸物-苯混合物，其被外加的分离线或二元混合物（共沸物-苯）分成两个区域。与限定吉布斯三角形的二元混合物相比，与共沸物连接的分离线有三种组分，且由于共沸混合物的实际特性，其通常是弯曲的。

由于二元共沸物的沸点高于丙酮和氯仿的沸点但低于苯的沸点，共沸物起到中间沸点组分的作用，结果总精馏区域被分成两个独立的精馏子区域，分离线代表两个精馏子区域共有的二元混合物。

所谓四边精馏区域的精馏线实例如图5.9所示，它为乙酸甲酯-甲醇-乙酸乙酯的混合物。

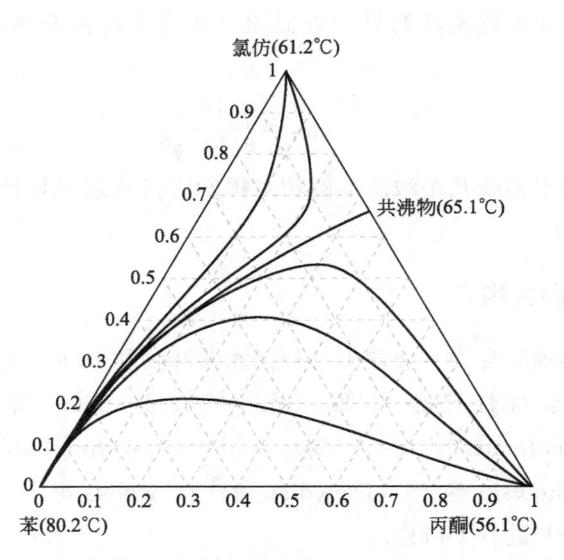

图 5.8 全回流下共沸混合物丙酮（1)-氯仿（2)-共沸物（3)-苯（4）的精馏线

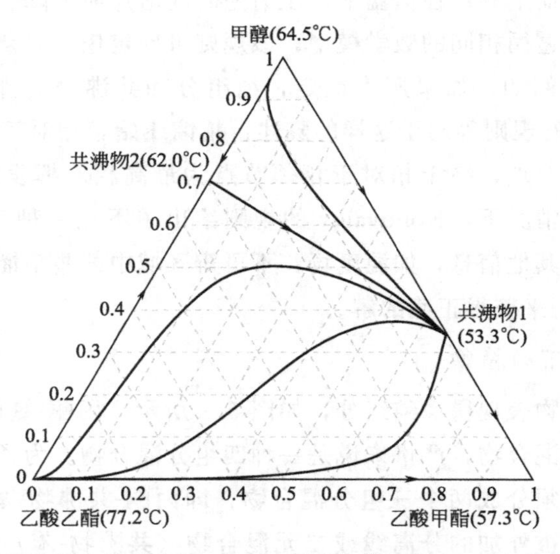

图 5.9 全回流下共沸混合物共沸物（1)-乙酸甲酯-共沸物（2)-甲醇-乙酸乙酯的精馏线

总精馏场的结构遵循 Konovalov 的第一条规则，即全回流下精馏线总是沿沸腾温度降低的方向行进（用箭头表示），即图 5.9 中的温度分布必然会得到一条从共沸物 2 延伸到共沸物 1 的分离线，产生一个三边子区域和一个所谓的四边子区域。该四边子区域的精馏线可看作是三元混合物共沸物 1-乙酸甲酯-乙酸乙酯的精馏线和三元混合物共沸物 1-共沸物 2-乙酸乙酯的精馏线的叠加。应当注意的是，在共沸物 1 和纯乙酸乙酯之间延伸的“虚拟”

分离线对四边子区域的精馏线场没有影响。

这种叠加的基本方法如图 5.10 所示，显示了上部理想三元混合物精馏线与下部理想三元混合物精馏线的叠加。从假设的二元组成 x_{14} 开始，由 x_{14}→2 线和二元场 x_{14}→3 线的交点得到二元组成 x_{12}，x_{24}，x_{13} 和 x_{34}。然后，由 x_{12}→x_{34} 线和 x_{24}→x_{13} 线的交点得到“四元”精馏线的一个组成。通过改变初始组成 x_{14}，可确定完整的“四元”精馏线。

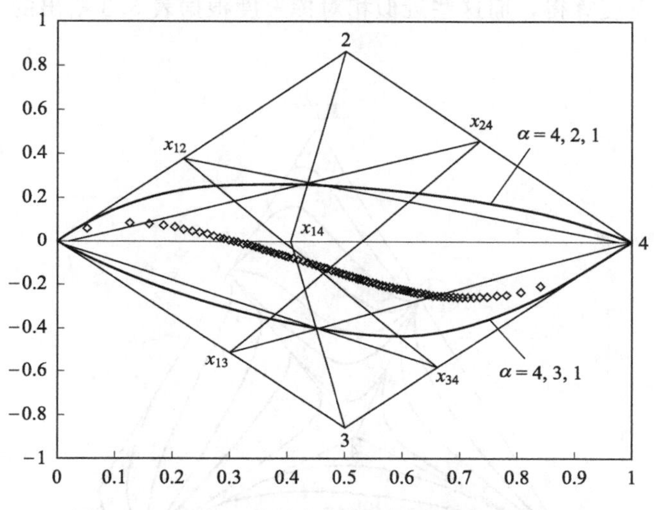

图 5.10 两个三元混合物与四边精馏线的叠加

最复杂的共沸物系之一是丙酮-氯仿-甲醇混合物，有三个二元共沸物和一个三元共沸物，如图 5.11 所示。

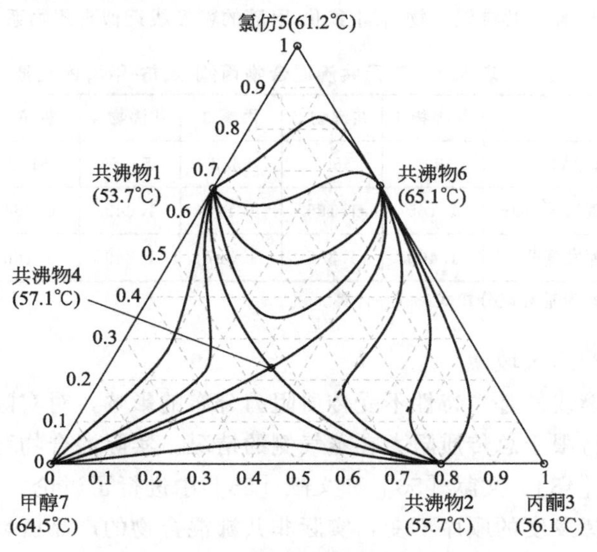

图 5.11 全回流下共沸混合物丙酮-氯仿-甲醇的精馏线

从纯组分和共沸物的沸腾温度再次可见遵循 Konovalov 规则，即总精馏区域被分成两个三元子区域和两个四边子区域。严格确定更复杂混合物结构的方法可基于有向图理论等[52]。

如第 3 章所述，分离线是子区域的本征坐标，它在不稳定节点处取值为 0，在相应精馏子区域的稳定节点处取值为 1，每个子区域代表一个非共沸子物系。子区域可用直分离线的理想物系近似，如图 5.12 所示，用近似的相对挥发度算得，而这些近似相对挥发度根据表 5.3 给出的校正后的蒸气压算得[16]。

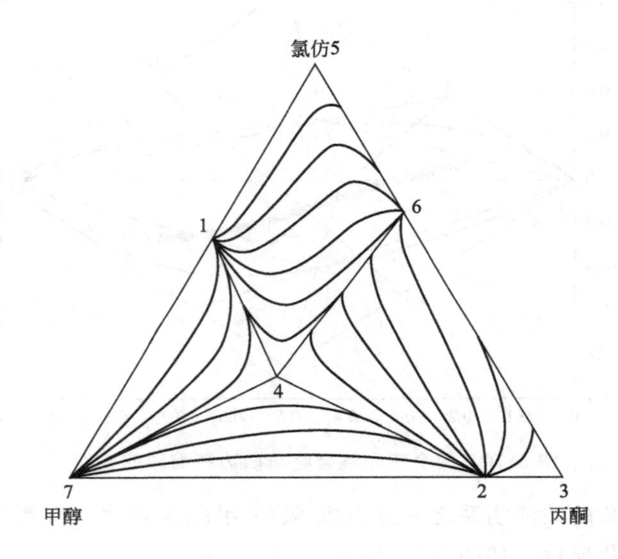

图 5.12 共沸混合物丙酮-氯仿-甲醇的精馏线近似理想物系[16]

表 5.3 三元共沸混合物丙酮-氯仿-甲醇的性质

组分	共沸物 1	共沸物 2	丙酮 3	共沸物 4	氯仿 5	共沸物 6	甲醇 7
1bar 下的沸点/℃	53.4	55.7	56.2	57.5	61.2	64.4	64.7
60℃的校正蒸气压/bar	1.165	1.155	1.140	1.042	0.964	0.839	0.834
60℃的相对挥发度①	1.400	1.385	1.367	1.249	1.156	1.006	1.000

① 以甲醇为基准组分按式(5-7) 计算。

(1) 产品区域

因精馏线的基本特性不受传质阻力分布的影响，对实际混合物的产品区域的讨论将限于总传质阻力在蒸气侧的情况。实际混合物可逆精馏的产品区域在文献 [48]、文献 [53] 和文献 [55] 中进行了讨论。

相对挥发度的顺序不变，实际非共沸混合物的产品区域类似于理想混合物的产品区域。任何这种相对挥发度的无序化都会导致精馏线在 $L/V=1$ 下出现拐点，产生附加的产品区域，其一个边界以相应精馏线的切线为界，如图 5.13 所示。

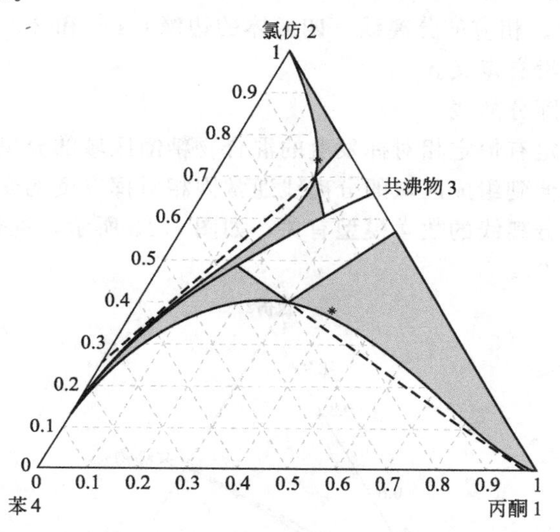

图 5.13　混合物丙酮 (1)-氯仿 (2)-苯 (4) 的可行产品区域

(填充区为产品区域，--- 切线)

附加产品区域是由精馏线、切线和吉布斯三角形的相应侧边限定的未填充区域。这种附加产品区域的现象将会生产出高浓度丙酮和低浓度苯的馏出物[50]，这在普通精馏中是不可能的。

如果进料组成与拐点一致，精馏线的拐点对可行产品区域的最大影响则如图 5.14 所示。附加的区域由下部子区域的精馏线确定，精馏线的切线穿

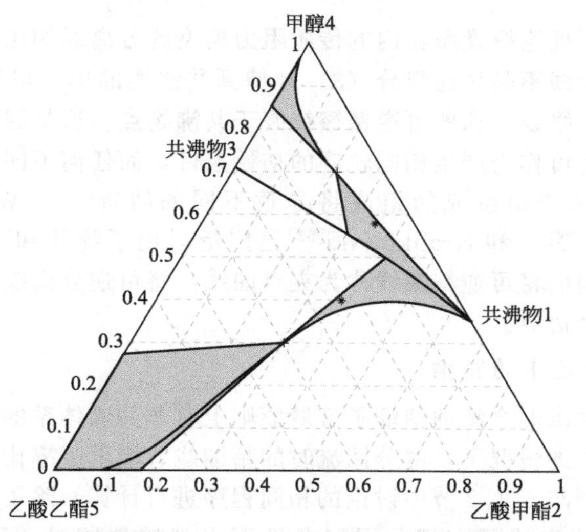

图 5.14　乙酸甲酯-甲醇-乙酸乙酯混合物的下部和上部子区域的产品区域 (x_F=[0.3,0.3,0.4]，[0.2,0.7,0.1])

过进料组成点和吉布斯三角形的侧边 2-5。

应该注意的是，下部子区域 1-2-3-5 是表示四元混合物的四面体的投影（见图 5.10）。相应的分离线（四面体的边缘）1-5 和 2-3 对于四边子区域的精馏线来说没有意义。

（2）实际分离线

虽然限定有恒定相对挥发度的混合物精馏区域的分离线总是直线，但是从共沸物延伸到组成区域的分离线通常因相对挥发度的变化而变为曲线，这与用于计算分离线的数学模型有关，如图 5.15 所示，混合物为丙酮（1)-氯仿（2)-苯（3)。

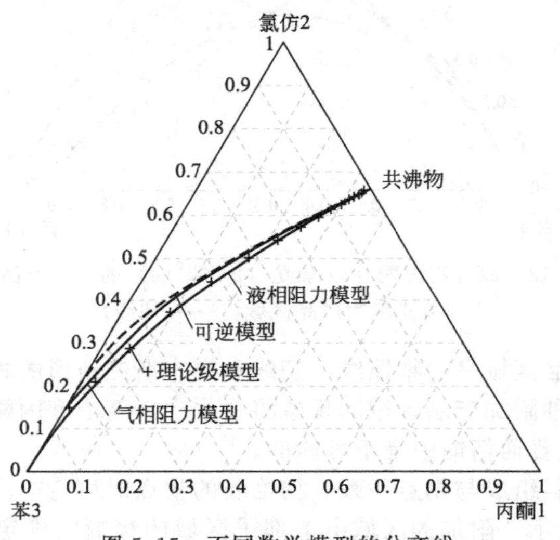

图 5.15 不同数学模型的分离线

与包括理论级模型在内的传质阻力模型的分离线相比，被称为“可逆模型”的分离线不是从纯组分（3）延伸到共沸物的单一可逆精馏线，而是初始条件的包络线，那些可逆精馏线终于共沸物点。这是因为绝热精馏线上的任何组成都可作为产生相同轨迹的初始条件，而任何不同于用作初始条件的可逆精馏线初始组成的组成将导致不同的轨迹[45]。Wahnschafft 等[48]、Fidkowski 等[50]和 Krolikowski[53]已广泛讨论了绝热和可逆精馏的这种不同特性，他们将可逆精馏线称为夹点曲线，将可逆分离线称为产品夹点曲线或分岔精馏边界。

5.2.2.2 部分回流下的精馏

由于共沸混合物的精馏子区域原则上有非共沸体系的性质，在实际的非共沸混合物的情况下，部分回流时的精馏线、极限流率比、进料的最佳位置等，可按照与 5.1.2 节中讨论的相同程序进行计算，除了从共沸物延伸到浓度区域的分离线可在部分回流条件下出现被精馏线“跨越”的现象，如 Wahnschafft[48]所述。

(1) 实际精馏区域

应当记住，提馏段和精馏段的精馏区域是进料和产物组成以及流率比 L/V 的函数。因此，由共沸点产生的分离线也将随精馏区域移动，且可使得产品组成不易接近 $L/V=1$ 线，如图 5.16 所示。

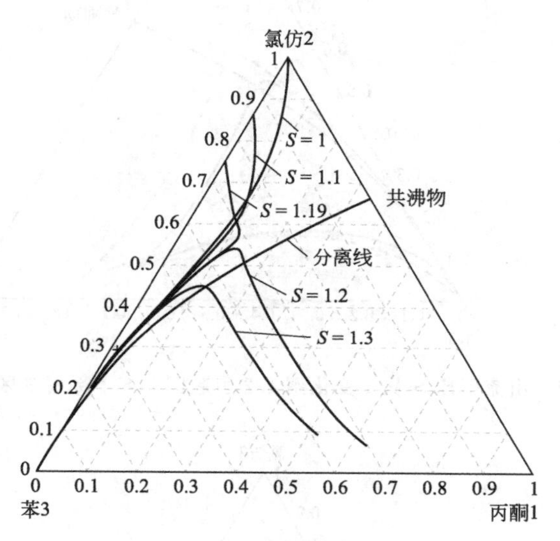

图 5.16 分离线的“跨越”

(精馏线的初始组成 $x_0=[0.005,0.200,0.795]$)

全回流下，这种有效“跨越”分离线的原因是流率比从图 5.8 中的 $R=S=1$ 变化到流率比 $S>1$ 和精馏区域的相应移动，向量场和精馏区域如图 5.17 所示。图 5.8 中的共沸物鞍点在图 5.17 中移动到 $x=[0.156,0.538,0.306]$，表示纯丙酮的点 1 移到 $x=[0.607,0.100,0.293]$，表示纯苯的点 3 移到 $x=[-0.005,-0.094,1.099]$。实线和虚线分别是精馏区域液相和气相的相关分离线。细实线是 $R=S=1$ 时的分离线。

(2) 极限流率比

确定实际混合物极限流率比的刚性方法仅适用于所谓的清晰分离，即馏出物和塔底产物分别不含最高或最低沸点组分的分离。对于三元混合物的 (1)-2/2-(3) 分离，相应的极限流率比可直接从两个二元混合物或通过三元计算来获得。图 5.18 给出了一个实例，其中从二元混合物丙酮-氯仿得到的精馏段流率比 $R=0.76$，由物料衡算式(4-10c) 得到的提馏段的流率比 $S=1.3$。

实际物系的另一种近似方法是用理想物系近似表示实际物系，如在 5.2.1 节的演示，然后用对理想物系有效的方程计算近似极限流率比或用基于分离线的图解方法，如在 4.2.5.1 节讨论的。

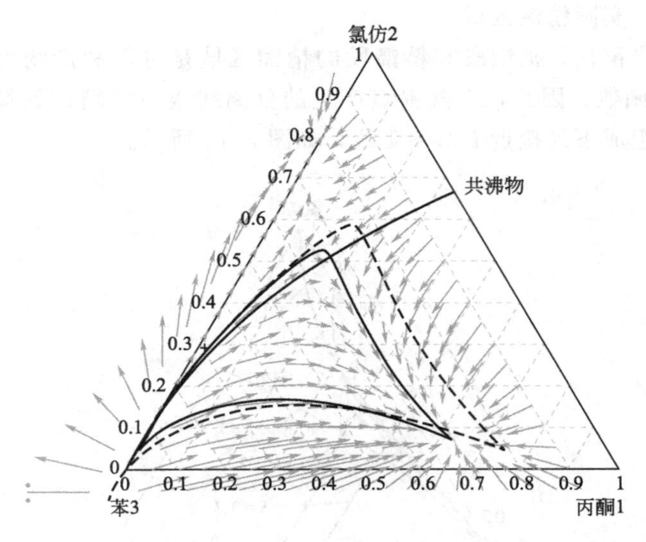

图 5.17 由流率比 S 从 1 变化到 1.2 引起图 5.8 下部精馏区域的移动

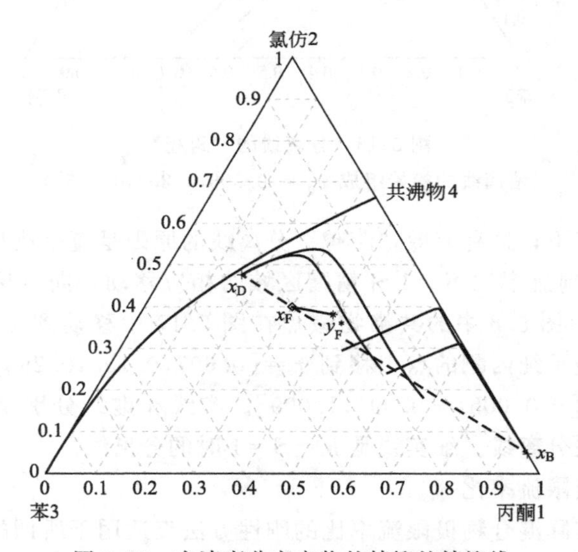

图 5.18 有清晰分离产物的精馏的精馏线

5.2.3 多元共沸混合物

多元共沸混合物的精馏区域分解成非共沸子区域，可以用三元和四元非共沸混合物中讨论的方程的逻辑扩展来处理。

应当注意的是，多元共沸混合物精馏的复杂性不随组分的数量增加而增加，因为相关方程是数量可控的向量方程。相反，精馏问题的烦琐性随着组分的数量增加呈指数增加，因此，问题的解答越来越难以可视化。

计算机程序

用于计算和设计本书图形的计算机子程序是部分基于 Adiche[37]开发的综合图形用户界面 MATLAB® 程序，名为 DISTLAB®。子程序是从 dist. programs@t-online. de 的作者处通过有效请求得到的。

子程序中使用的物理数据取自 DECHEMA 系列[20]。

符号说明

符号	意义	单位
a	比表面积	$m^2 \cdot m^{-3}$
a_i	式(3-2)定义的常数	—
A	传质面积	m^2
A_S	横截面积	m^2
B	底部产品流率	$mol \cdot s^{-1}$
c	积分常数，组分数	—
d	微分算子	—
d	馏出物中组分的流率	$mol \cdot s^{-1}$
D	馏出物流率	$mol \cdot s^{-1}$
dp	差点	—
e	由式(4-20)定义的指数	—
E_i	由式(3-42)定义的第 i 个特征值	—
E	由式(3-10)定义的摩尔平均相对挥发度	—
f	进料中组分的流率	$mol \cdot s^{-1}$
$f(x)$	x 的函数	—
F	进料流率	$mol \cdot s^{-1}$
F	截面积	m^2
h	比焓	$J \cdot mol^{-1}$
h	长度坐标	m
H	填料的高度	m
H^*	填料的无量纲高度	—
HTU	传质单元高度	m
k	传质系数比	—
k_V，k_L	传质系数	$mol \cdot m^{-2} \cdot s^{-1}$
ln	自然对数	—
L	液体流率	$mol \cdot s^{-1}$
L_S	简单蒸馏中的液体滞留量	mol
n_c	组分数	—
n_i	组分 i 越过界面的通量	$mol \cdot m^{-2} \cdot s^{-1}$
NTS	理论级数	—
NTU	传质单元数	—
p	总压	$N \cdot m^{-2}$

P	势函数	—
Q	聚集状态，1=液体，0=气体	—
q	式(4-13) 定义的进料热状态	—
r	回流比=L/D	—
rec	产品中组分的回收率	—
r_{in}	节点 n 处液体中组分 i 的摩尔分数	—
R	精馏段流率比=L/V	—
s	再沸比=V/B	—
s_{in}	节点 n 处气体中组分 i 的摩尔分数	—
S	提馏段流率比=L/V	—
Ss	精馏序列数	—
T	开尔文温度	K
u	分离线的斜率	—
V	气体流率	$mol \cdot s^{-1}$
$\boldsymbol{x}$	n 维向量表示液体组成	—
x_i	液体中组分 i 的摩尔分数	—
X_i	由式(4-17) 定义的比摩尔分数（摩尔比）	—
$\boldsymbol{y}$	n 维向量表示气体组成	—
y_i	气体中组分 i 的摩尔分数	—
$\Vert$	向量	

希腊字母

α	某组分以最高沸点组分为基准的相对挥发度	—
λ	积分常数	—
ε	组分的广义相对挥发度，见式(4-49)～式(4-53)	—
γ	组分的活度系数	—
ρ	密度	$kg \cdot m^{-3}$
τ	摄氏温度	℃
η	气相组成变换后的摩尔分数	—
ξ	液相组成变换后的摩尔分数	—
Φ	方程(4-9) 的根	
Σ	所有组分的总和	—
Ξ	由式(4-29) 定义的摩尔比	—
∞	在无限稀释下	—

下标

av	平均
AZ	共沸
B	底部
D	馏出物
E	相平衡

F	进料
V	气体
i	组分
ij	与组分 i 和 j 相关
in	在节点 n 处的组分 i
I	界面
j	组分，中间沸点组分
k	最高沸点组分，组分数
key	关键组分
L	液体
M	混合
min	最小值
P	产品
n	节点
r	基准组分
R	精馏段
S	提馏段
TS	理论级
0	初始浓度
1	最低沸点组分

上标

0	纯组分
*	与另一相主体浓度值相平衡的值
∞	极限值

词汇表

特征函数	式(3-43)
精馏线	传质塔段中液相或气相的浓度分布
精馏区域	由节点和分离线或分离面限定的多边形或多面体，含精馏线
精馏子区域	精馏区域的子区域，有一个稳定节点和一个不稳定节点
相平衡线	与相平衡向量一致的直线
相平衡向量	从液体组成到与液体组成相平衡的气体组成的直线
特征坐标	定义精馏区域的坐标
特征值	摩尔平均相对挥发度，特征方程的根，定义节点的组成
进料线	表示进料与进料口中的气液流股混合的直线
进料口	精馏塔没有传质的部分，在此处进料流股加入塔中
流率比	L/V
关键组分	定义分离的组分
节点	所有组分的相平衡式和物料衡算式的交点；所有组分的推动力为零处的组成；代表精馏区域的一个角点
传质塔段	精馏塔的传质段
部分回流	液相和气相在不同流率下的精馏
产品区域	定义可行产品组成的区域
产品线	连接产品并经过进料组成点的物料衡算线
产品段	精馏塔没有传质的部分，在此处产品流股从塔中排出
再沸比	V/B
回流比	L/D
残留曲线	简单蒸馏中的或全回流下精馏的液体浓度曲线
分离线	连接两个节点的精馏线
分离面	表示精馏区域的边界
清晰分离	混合物的至少一种组分分别不出现在馏出物中或塔底产物中的分离
简单蒸馏	从蒸馏釜中间歇蒸馏
分离	定义混合物分离成馏出物和塔底产物
全回流精馏	在相同的液体和气体流率下精馏
理论级	以离开的气液两相达到热力学相平衡为特征的传质塔段

附录

附录1 坐标变换

精馏浓度分布的基本微分方程来自对组分 i 和 j 所列的式(3-20) 和式(3-2)，并相除可得

$$\frac{\mathrm{d}x_i}{\mathrm{d}x_j}=\frac{y_i^*-y_i}{y_j^*-y_j}=\frac{y_i^*-(a_i+Rx_i)}{y_j^*-(a_j+Rx_j)} \tag{A-1}$$

代入相平衡式(3-8) 得到

$$\frac{\mathrm{d}x_i}{\mathrm{d}x_j}=\frac{\alpha_i x_i-E(a_i+Rx_i)}{\alpha_j x_j-E(a_j+Rx_j)}=\frac{\alpha_i x_i-Ea_i-ERx_i}{\alpha_j x_j-Ea_j-ERx_j} \tag{A-2}$$

式(3-8) 中的分母

$$E=\sum_i \alpha_i x_i \tag{3-10}$$

基于矩阵方程式(3-38) 的变换

$$|\boldsymbol{x}|=|\boldsymbol{r}|\cdot|\boldsymbol{\xi}| \tag{3-38}$$

得到

$$E=\sum_n(\sum_i \alpha_n r_{in}\xi_i) \tag{A-3}$$

代入［见式(3-40)］

$$r_{in}=(a_i+Rr_{in})E_n \tag{A-4}$$

并考虑到

$$\sum_i(a_i+Rr_{in})=1 \tag{A-5}$$

得到

$$E=\sum_i E_i\xi_i \tag{A-6}$$

用矩阵式(3-36) 将$|\boldsymbol{x}|$替换式(A-2) 的右边，并代入式(A-6) 得到

$$\frac{\mathrm{d}x_i}{\mathrm{d}x_j}=\frac{\sum_n(\alpha_i r_{in}-a_i E_i-RE r_{in})\xi_i}{\sum_n(\alpha_j r_{jn}-a_j E_j-RE r_{jn})\xi_j} \tag{A-7}$$

由式(3-10) 可得

$$\frac{dx_i}{dx_j}=\frac{r_{in}+\sum\limits_k\left(r_{ik}\frac{E_k-E}{E_n-E}\times\frac{\xi_k}{\xi_n}\right)}{r_{jn}+\sum\limits_k\left(r_{jk}\frac{E_k-E}{E_n-E}\times\frac{\xi_k}{\xi_n}\right)} \tag{A-8}$$

对式(3-36) 微分，并代入式(A-8) 得到

$$\frac{dx_i}{dx_j}=\frac{r_{in}+\sum\limits_k\left(r_{ik}\frac{d\xi_k}{d\xi_n}\right)}{r_{jn}+\sum\limits_k\left(r_{jk}\frac{d\xi_k}{d\xi_n}\right)} \tag{A-9}$$

比较式(A-8) 和式(A-9)，最终得到

$$\frac{d\xi_i}{d\xi_j}=\frac{(E_i-E)\xi_i}{(E_j-E)\xi_j} \tag{A-10}$$

或类似于式(3-8) 定义相平衡方程

$$\eta_i^*=\frac{E_i\xi_i}{E} \tag{A-11}$$

其中

$$E=\sum_i E_i\xi_i \tag{A-12}$$

结果

$$\frac{d\xi_i}{d\xi_j}=\frac{\eta_i^*-\xi_i}{\eta_j^*-\xi_j} \tag{A-13}$$

得到与式(4-16) 类似的解

$$\frac{\xi_j}{\xi_i}=\lambda_j\left(\frac{\xi_k}{\xi_i}\right)^{\frac{E_i-E_j}{E_i-E_k}} \tag{A-14}$$

常数 λ_j 由变换浓度 $|\boldsymbol{\xi}|$ 的初始条件确定。

对于 n 个组分的多元混合物，式(A-14) 有 $(n-1)$ 个独立方程。浓度 $|\boldsymbol{\xi}|$ 仍用物料衡算式(见 4.2 节) 计算

$$\sum_i\xi_i=1 \tag{A-15}$$

形式为

$$\frac{1}{\xi_i}=\sum_k\frac{\xi_k}{\xi_i} \tag{A-16}$$

得到浓度曲线 $\xi_i=f(H)$

$$\left[\ln c_{ji}-\ln\xi_i+\frac{E_i}{E_j-E_i}(\ln\xi_j-\ln\xi_i)\right]HTU=H \tag{A-17}$$

类似于式(4-35)。

应用矩阵方程 (3-38) 最终得到浓度 $|\boldsymbol{x}|$。

采用与第3章中讨论的相同方式，可将式(A-14)的解可视化为精馏区域内的精馏线，其形式分别为由节点形成的多边形或多面体和用于三元或多元混合物的分离线或分离面。

附录2 理想五元混合物的精馏

附录2.1 概念设计

进料：$F=1$；$x_F=[0.05,0.10,0.30,0.50,0.05]$；$\alpha=[3,2.1,2,1,0.8]$；$q=1$；

Φ_F方程：
$$1-q=\sum_i \frac{\alpha_i x_{F,i}}{\alpha_i-\Phi_F} \tag{A-18}$$

$$(1-q)=0=\frac{3\times0.05}{3-\Phi}+\frac{2.1\times0.10}{2.1-\Phi}+\frac{2\times0.30}{2-\Phi}+\frac{1\times0.50}{1-\Phi}+\frac{0.8\times0.05}{0.8-\Phi};$$

$\Phi=[2.8788,2.0749,1.3859,0.8118]$；

分离＝1-2-(3)/(4)-5；

$\Phi_{key}=1.3859$；

关键组分的回收率：$rec_i=(x_{D,i}/x_{F,i})(D/F)=d_i/f_i$；

$$rec(3)=0.9,\quad rec(4)=0.1;$$

$$V_{min}=\frac{D}{1-R_{min}}=\sum_i \frac{\alpha_i D x_{D,i}}{\alpha_i-\Phi_F}=\sum_i \frac{\alpha_i d_i}{\alpha_i-\Phi_F} \tag{4-10a}$$

未知量d_1、d_2、d_5和V_{min}是通过解4个式(4-10a)来确定的，其中Φ_F是式(4-9)的四个解。通过四个式子的方程组得到组分1的回收量超过进料中组分1的量，表明该组分是清晰分离的。因此，馏出物中组分1的流率设定为$d(1)=0.05$，去掉第一个方程式，并重复该过程。类似地，组分5也证实是清晰分离的，留下最后两个方程的解为$V_{min}=1.132$，$d_2=0.099$，通过Shiras[38]等的方法算得馏出物流率比$D/F=0.47$和最小流率比$(L/V)_{min}=0.584$。液相和气相的浓度分布作为传质单元数的函数示于图A.1。

关键组分3和4在第15个传质单元处相交并与进料条件很好地相符，因此进料应在该位置引入。由于Shiras的方法表明最低沸点组分和最高沸点组分是清晰分离的，因而计算对底部产物中选择的最低沸点组分浓度、馏出物选择的最高沸点组分浓度都很敏感。用于图A.1中的产品浓度为：$x_B=[0.0000004,0.0096,0.0569,0.8528,0.0807]$，$x_D=[0.1066,0.2090,0.5757,0.1065,0.0022]$。

该塔的尺寸是基于对传质单元数和回流比的计算成本优化后确定的。因投资费用随着回流比的增加而降低，而能量费用随着回流比的增加而增加，总费用对回流比必定显示出最小值[57]。

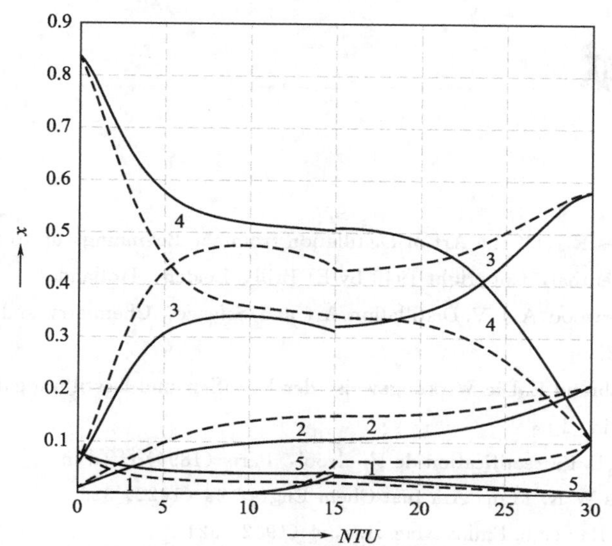

图 A.1　极限流率下液相和气相浓度对传质单元数的分布曲线（$R=R_{\min}=0.5842$）
（——液相，-----气相）

附录 2.2　精馏塔的几何尺寸[17,57]

假设平均的传质单元高度（HTU）$=0.4\text{m}$，得到塔的高度 $H=NTU\times HTU=12.00\text{m}$，在 6m 高度处进料。

该塔的直径可从流体动力学和经济方面的因素考虑，例如：

混合物的物理和化学性质；

塔盘或填料等塔内件；

塔允许的最大气体和液体负荷；

在气液流率波动的情况下易于操作；

经济优化。

塔的最终设计应基于塔内件供应商提供的具体信息。

参考文献

[1] Forbes R J. Of the Art of Distillation from the Beginnings up to the Death of Cellier Blumenthal, Copyright 1948 by EJ Brill, Leiden, Holland.

[2] Underwood A J V. Distillation-Art and Science, Chemistry and Industry, June 23 (1963).

[3] Hausbrand E. Die Wirkungsweise der Rectificir-und Destillirapparate, Berlin (1893) cited in [1].

[4] Sorel E. La rectification de I' alcool, Paris (1894) cited in [1].

[5] Lewis W K. Trans Am Inst Chem Engrs, 44 (1922) 329.

[6] Lord Rayleigh. Philos Magazine, 4 (1902) 521.

[7] Fenske. Ind Eng Chem 24 (1932) 482.

[8] Underwood A J V. Trans Inst Chem Engrs, 10 (1932) 112.

[9] Underwood A J V. Fractional Distillation of Ternary Mixtures, Part I, (1945) 111-118 , Part II (1946) 598-613.

[10] Underwood A J V. Fractional Distillation of Multi-component Mixtures-Calculation of Minimum Reflux Ratio, J Inst Petroleum, 32 (1946) 614-626.

[11] Hausen H. Rektifikation von Dreistoffgemischen, Forschung Gebiet Ing-Wesen 6 (1935) 9-22.

[12] Hausen H. Rektifikation idealer Dreistoff-Gemische, Z angew Physik, 2 (1952) 41-51.

[13] Vogelpohl A. Rektifikation idealer Vielstoffgemische, Chem-Ing-Tech 42 (1970) 1377-1382.

[14] Vogelpohl A. A Unified Description of the Distillation of Ideal Mixtures, Chemical Engineering & Processing, 38 (1999) 631-634.

[15] Vogelpohl A. Die Naeherungsweise Berechnung der Rektifikation von Gemischen mit Azeotropen Punkten, Chem-Ing-Tech 46 (1974) 195.

[16] Vogelpohl A. On the Relation between Ideal and Real Mixtures in Distillation, Chem Eng Technol 25 (2002) 869-872.

[17] King C J. Separation Processes, 2nd Edition, McGraw-Hill Book Company (1980).

[18] Westerberg A W. The Synthesis of Distillation-Based Separation Systems, Computers and Chemical Engineering, 9 (1985) 421-429.

[19] Hausen H. Berechnung der Rektifikation mit Hilfe Kalorischer Mengeneinheiten, Z VDI-Beiheft Verfahrenstechnik (1942) 17-20.

[20] Gmehling J, Onken V, Arlt W. Vapour-liquid Equilibrium Data Collection, Dechema Chemistry Data Series, Frankfurt/M, since 1977.

[21] Krishna R, Standart G L. A Multicomponent Film Model Incorporating a General Matrix Method of Solution to the Maxwell-Stefan-Equations, AICHE J 22 (1976) 383-389.

[22] Whitman W G. Chem Met Engr 29 (1923) 147.

[23] Chilton T H, Colburn, AP. Distillation and Absorption in Packed Columns, Ind Eng Chem 27 (1935) 255.

[24] Rische E A. Rektifikation idealer Gemische unter der Voraussetzung, dass der Widerstand des Stoffaustausches allein auf der Flüssigkeitsseite liegt, Z angew Phys 7 (1955) 90-96.

[25] Korn G A, Korn T M. Mathematical Handbook for Scientists and Engineers, McGraw-Hill Book Company (1968) 247.

[26] Ostwald W. Dampfdrucke ternärer Gemische, Abh Math-phys Classe Sächs Ges Wiss 25 (1900) 413-453.

[27] Vogelpohl A. Offene Verdampfung idealer Mehrstoffgemische, Chem-Ing-Tech 37 (1965) 1144-1146.

[28] Hausen H. Verlustfreie Zerlegung von Gasgemischen durch umkehrbare Rektifikation, Zeitschr f techn Physik (1932) 271-277.

[29] Hausen H. Zur Definition des Austauschgrades von Rektifizierböden bei Zwei-und Dreistoff-Gemischen, Chem-Ing-Tech 10 (1953) 395-397.

[30] McCabe W L, Thiele E W. Ind Eng Chem 17 (1925) 605.

[31] Bubble Tray Design Manual, American Institute of Chemical Engineers (1958).

[32] Franklin N L. The Interpretation of Minimum Reflux Conditions in Multi-Component Distillation, Trans I Chem E, 31 (1953) 363-388.

[33] Franklin N L. The Theory of Multicomponent Countercurrent Cascades, Chem Eng Res Dev, 66 (1988) 65-74.

[34] Petlyuk F B. Distillation Theory and Its Application to Optimal Design of Separation Units, Cambridge Series in Chemical Engineering, Cambridge University Press (2004).

[35] Vogelpohl A. Der Einfluss der Stoffaustauschwiderstände auf die Rektifikation von Dreistoffgemischen, Forsch Ing-Wes, 29 (1963) 154-158.

[36] Franklin N L, Wilkinson M B. Reversibility in the Separation of Multicomponent Mixtures, Trans I Chem E, 60 (1982) 276-282.

[37] Adiche C. Contribution to the Design of Multicomponent Homogeneous Azeotropic Distillation Columns, Fortschritt-Berichte VDI, 3, Nr 881 (2007).

[38] Shiras R N, Hanson D N, Gibson C H. Calculation of Minimum Reflux in Distillation Columns, Ind Eng Chem 42 (1950) 871-876.

[39] Ponchon M. Etude Graphique de la Distillation Fractionée Industrielle, Technique Moderne 13 (1921) 20, 55.

[40] Andersen N J, Doherty M F. An Approximate Model for Binary Azeotropic Distillation Design, Chem Eng Sci 1 (1994) 11-19.

[41] Konovalov D. Über die Dampfspannungen der Flüssigkeitsgemische, Wied Ann Physik, 14 (1881) 34-52.

[42] Reinders W, de Minjer C H. Recueil Trav Chim, 59 (1940) 207, 369, 392.

[43] Van Dongen Doherty M F. Design and Synthesis of Homogeneous Azeotropic Distillations, Ind Eng Chem Fundam 24 (1985) 454-463.

[44] Stichlmair J. Zerlegung von Dreistoffgemischen durch Rektifikation, Chem-Ing-Tech, 10 (1988) 747-754.

[45] Vogelpohl A. Rektifikation von Dreistoffgemischen, Teil 1: Rektifikation als Stoffaustauschvorgang und Rektifikationslinien idealer Gemische, Chem-Ing-Tech 36 (1964) 9, 907-915, Teil 2: Rektifikationslinien realer Gemische und Berechnung der Dreistoffrektifikation, Chem-Ing-Tech 36 (1964) 10, 1033-1045.

[46] Stichlmair J, Fair R, Bravo J L. Separation of azeotropic mixtures via enhanced distillation, Chem Eng Prog (1989) 63-69.

[47] Stichlmair J G, Herguijuela J R. Distillation Processes for the Separation of Ternary Zeotropic and Azeotropic Mixtures, AICHE J, 38 (1992) 1523-1535.

[48] Wahnschafft O W, Koehler J W, Blass E, Westerberg A W. The Product Composition Regions of Single Feed Azeotropic Distillation Columns, Ind Eng Chem Res 31 (1992) 2345-2362.

[49] Laroche L, Bekiaris N, Andersen H W, Morari M. Homogeneous azeotropic distillation: Separability and synthesis, Ind Eng Chem Res, 31 (1992) 2190-2209.

[50] Fidkowski Z T, Doherty M F, Malone M F. Feasibility of Separations for Distillation of Nonideal Ternary Mixtures, AICHE J, 39 (1993) 1303-1321.

[51] Davydian A G, Malone M F, Doherty M F. Theor Found Chem Engng 31 (1997) 327-338.

[52] Rooks R E, Vivek J, Doherty M F, Malone M F. Structure of Distillation Regions for Mullticomponent Azeotropic Mixtures, AICHE J, 44 (1998) 6, 1382-1388.

[53] Krolikowski L J. Determination of Distillation Regions for Non-Ideal Ternary Mixtures, AICHE J, 52 (2006) 532-544.

[54] Danilov R Yu, Petlyuk F B, Serafimov L A. Minimum-Reflux Regime of Simple Distillation Columns, Theor Found Chem Engng, 41 (2007) 371-383.

[55] Vogelpohl A. Die Produktbereiche der Vielstoffrektifikation, Chem-Ing-Tech 6 (2012) 868-874.

[56] Heaven DL. Cited in [17].

[57] De Haan A, Bosch H. Industrial Separation Processes, De Gruyter (2013).